U0901500

  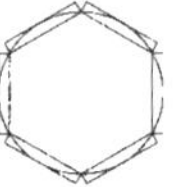

湖北省社会公益
出版专项资金

Hubei Special
Funds for Public
Service Publications

中华神算

（下册）

王能超　王学东　著

華中科技大學出版社
http://www.hustp.com
中国·武汉

内 容 简 介

中华古算中蕴含着中华先贤的大智慧。本书探究其中最为神奇的几个热点问题,合称“中华神算”。

发明二进制的 Leibniz 曾明确指出,古代中国的伏羲把握着二进制方法的“宝钥”。本书第一卷《正本清源二进制》阐明了 Leibniz 这一论断的合理性与正确性。第二卷《超算通行二分法》说明了“伏羲宝钥”诱导生成的二分演化技术,对超级计算机的高效算法设计具有一定的启迪和指导意义。

刘徽是中国数学史上伟大的数学家。本书第三卷《逼近加速割圆术》介绍了刘徽的割圆术,其中的极限思想和逼近加速技术是中华先贤前瞻性思维的一个明证,对当代的数值计算软件的设计具有很高的指导意义。第四卷《测高望远重差术》破解了刘徽的重差术,展现了一种被称为“刘徽勾股”的新的几何学体系。这一体系与欧几里得公理化体系迥然不同,它回避了平行线的纠缠,摒弃了角度测量之类的烦琐手续,因而其原理容易理解,其方法容易掌握,并且其计算容易在计算机上实现。

本书的宗旨是汇通古今,熔铸中外,让古老的中华神算重现辉煌,在复兴中华的伟大事业中展现新的光彩。本书可供广大的数学爱好者和科研工作者阅读。

谨以本书纪念著名的教育家、敬爱的老校长朱九思先生！

序　中华数学颂

浩荡南海掀巨浪，巍峨喜马拉雅插云天！

在广袤的中华大地上，中华民族创造了辉煌的中华文明，培育出壮美的中华数学。

中华数学源远而流长。

中华上古先民很早就开始了数学探索，他们结绳计数，创立了八卦形式的二进制数。大地湾丰富的考古资料表明，上古某个时期，某个氏族内出现了某个“大”人物，他，指导先民结网捕鱼，种植庄稼。关于“伏羲”的传说就是这个时期的文化遗存。

伏羲二进制早在六七千年以前就有了中华数学的萌芽。

中华文明是唯一的始终没有中断的人类文明。中华上古先贤的大智慧融入后代子孙的灵魂里。当今中国人研制的超级计算机世界领先，中国已经成为全球拥有最多超级计算机的国家，超级计算中广泛应用了“伏羲宝钥”——所谓二分演化技术。二分演化技术的普适性成就了新型的演化数学方法。

本书的前两卷

1. 正本清源二进制

2. 超算通行二分法

是“祖孙篇”，它们阐述了二分演化技术的“前世”和“今生”。

公元3世纪，伟大的刘徽登上了历史舞台，中华数学的面貌焕然一新。

为计算圆周率，刘徽从圆的内接正六边形做起，二分割圆到正 24 边形、正 48 边形、正 96 边形……刘徽割圆到正 192 边形后，他突然“发力”，用正 96 边形和正 192 边形两个粗糙的近似值，加权平均获得正 3072 边形高精度的近似值，这是一项超前思维的伟大成就。

逼近加速是微积分方法的软肋，至今仍是高性能计算的瓶颈。刘徽的加速技术，长久被湮埋在历史的尘埃里，应该让它重见天日了。

重差术的命运比割圆术更坎坷。早在三四千年前，上古先贤陈子设置所谓重差系统观天测地，后来刘徽改进了重差系统，用于日常的测高望远。重差术这种几何算法基于勾股测量，回避了平行线的纠缠，摈弃了角度测量之类的烦琐手续，从而消除了欧氏公理化方法的弊端，是人类数学史上的一株奇葩。千百年来，众多中外学者潜心研究重差术，始终得不到真谛和要领，这方面的研究来日方长。

总之，本书的后两卷

3. 逼近加速割圆术

4. 测高望远重差术

是“姊妹篇”，是刘徽数学的双翼。

“谁言寸草心，报得三春晖。”本书献给哺育我们成长的革命前辈们。前辈们高尚的人格魅力永远是我们光辉的榜样。我们一定会铭记前辈们的教导，努力为复兴中华的伟大事业而奋斗终生！

复兴先贤伟业，

重振中华雄风！

目　录

第三卷　逼近加速割圆术

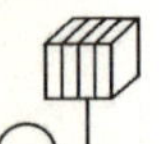

中篇　策略之妙

下篇　算法之神

第四卷 测高望远重差术

下篇 海岛九问的求解格式

第三卷
逼近加速割圆术

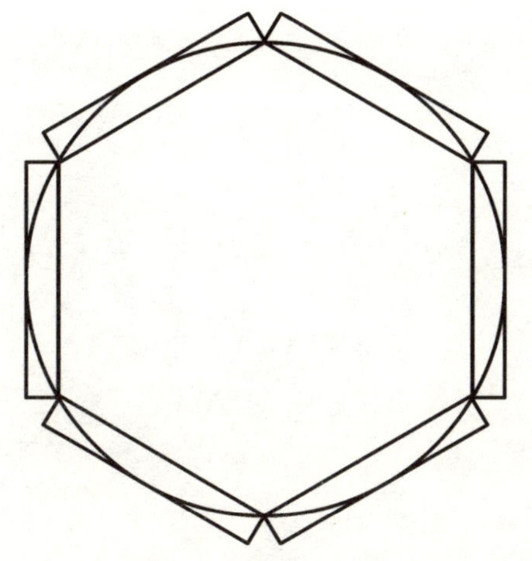

（本插图为刘徽二分割圆的余径多边形）

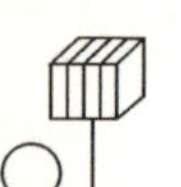

“神算”赞

英国学者李约瑟是个中国通,他对中国人民亲善友好,对中华文明推崇备至。李约瑟曾提出这样的疑问:古代中国科技极其发达,中华数学曾千年领先于世界,为什么中国人没有创造出微积分呢?

其实,关于这个著名的“李约瑟难题”,可以换个角度来思考:中华数学为什么一定要走向微积分呢?数学的发展除了微积分以外,难道没有其他路子可走吗?

1700 多年前的刘徽数学对此给出了响亮的回答。微积分是逼近法。刘徽“割圆术”破解了逼近加速这个微积分难题。刘徽神算是名副其实的数学珠穆朗玛峰。

刘徽造像

前言

众所周知，中华数学宝库中有颗璀璨的明珠：公元5世纪，南北朝数学家祖冲之提出了准确到小数点后七位数的圆周率

$$3.1415926<\pi<3.1415927$$

这项纪录千年雄踞世界数学之巅。

祖冲之的这一结果意义极其重大，它是中华民族的骄傲。千百年来，多少数学家都在探索：祖冲之的这一伟大成就是怎样获得的？

据史料记载，祖冲之称其计算圆周率的算法为“缀术”，然而有关“缀术”的资料久已丢失殆尽，致使这一奇妙算法成了数学史上一桩千古谜案。

祖冲之的原著《缀术》已失传千年，这一损失成了华夏子孙积压心中难以排解之痛。我们心中久已存在这样的疑问：在有关文献缺失的情况下，仅凭“缀术”一词还能还原历史的真相吗？

在当今复兴中华的伟大洪流中，我们期盼着奇迹的出现……

引论　神机妙算加速术

0.1　逼近加速是微积分方法的软肋

众所周知，微积分方法是逼近法。项武义教授在《微积分大意》一书的“绪论”中，曾生动地揭示这一事实：

“俗语常常用‘程咬金三斧头’来笑语一个人的招式贫乏，那么微积分可就只有‘逼近法’这一斧头了！”

通常复杂和简单分别属于两个不同的学术档次，两者差别悬殊。用简单逼近复杂，往往需要相当多的技巧，才能设计出形式特殊的逼近公式，而这正是微积分方法大显身手的机会。

然而在逼近法中也存在隐患，即要求保证逼近序列具有足够快的收敛速度。一个收敛速度过于缓慢的逼近序列是没有实用价值的。

这样，能否改善逼近序列的收敛速度，便成为逼近序列是否具有实用价值的试金石！

问题就这样严峻地摆在人们面前：微积分方法尽管擅长逼近法，运用微积分方法可以设计出形式多样的逼近序列，但仅靠微积分知识难以将已给逼近序列加速。逼近序列加速是微积分方法的软肋。如何补救微积分的这一缺陷呢？

0.2　祖冲之的“缀术”可能是一种逼近加速技术

在中华数学史上，祖冲之运用所谓“缀术”求出高精度的圆周率，这项伟大成就获得了人们广泛的赞誉。

实际试算证明，为了求出准确到小数点后七位数的圆周率，二分

割圆需要割到内接正 24576 边形。在使用筹算的古代,完成如此巨大的计算量是有很大难度的。祖冲之计算圆周率肯定使用了某种“绝技”。

人们自然会设想,祖冲之的“缀术”有可能是一种逼近加速技术。问题在于,有关“缀术”的资料已失传千年,致使这一绝技成了千古之谜。

仅就“缀术”一词能够还原出历史的真相吗?

我们知道,中国汉字是中国文化的活化石,它凝聚着上古先贤的大智慧。

翻看汉语词典发现,“缀”字有两种含义:一曰缀合,即组合,亦即加权平均;“缀”字的另一个含义是缀补,即修正或校正。

这样,按照汉字的含义,缀术就是组合技术和校正技术。什么样的算法具有这样两重属性呢?

0.3 刘徽“割圆术”中的“神来之笔”

令人意想不到的是,早于祖冲之两百年的魏晋刘徽,在其名著《割圆术》中早已提出了逼近加速技术。

在二分割圆过程中,记 S_n 表示内接正 n 边形面积。刘徽发现,内接正 96 边形二分割圆前后两个结果 S_{96} 和 S_{192},都相当于 $\pi=3.14$,它们太粗糙了。面对这种局面,刘徽突发奇想:将这两个粗糙的近似值 S_{96},S_{192} 适当组合

$$\begin{aligned}\hat{S}&=(1+\omega)S_{192}-\omega S_{96}\\&=S_{192}+\omega(S_{192}-S_{96})\end{aligned}$$

即适当选取式中的松弛因子 ω,以求得高精度近似值 $\hat{S}$。事实上,刘徽选取 $\omega=\dfrac{36}{105}$ 求得 $\pi=3.1416$,这个结果比 $\pi=3.14$ 一下子提高了两个

数量级，真是“一飞冲天”。

我们看到，这种加速技术既是一种组合技术，又是一种校正技术，因而可以称之为“缀术”。

由此可见，祖冲之所说的缀术正是刘徽的上述加速技术，也就是说，祖冲之的缀术是承继了刘徽衣钵获得的。我们运用刘徽已经求出的 S_{3072} 进行加速，发现计算机所求结果确实如祖冲之所求的圆周率，这就破解了祖冲之缀术这个千古谜案。

刘徽加速技术可广泛应用于实际计算，其加速效果令人惊叹。数值计算实验发现，计算混沌常数时运用刘徽加速技术，用计算器手算的速度竟超过了超级计算机的计算速度。

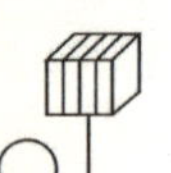

上篇　思辨之奇

第1章　呼之欲出极限论

1.1　西方不亮东方亮

世界数学史对古希腊数学竭尽赞美之能事。美国数学家 M. 克莱因的《古今数学思想》被誉为“古今最好的一本数学史著作”。该书强调:“古希腊在文明史上首屈一指,在数学上至高无上。”

在“至高无上”的古希腊数学中,群星璀璨,涌现出许多光彩夺目的大数学家,如毕达哥拉斯、欧几里得和阿基米德等。

图1　阿基米德画像

阿基米德(见图 1)是举世公认的伟大的数学家、发明家、天才的思想家和伟大的爱国者。阿基米德在数学史上的突出成就是,首创了圆周率的科学计算,用所谓穷竭法求得圆周率 $\pi=3.14$,这项成就铸成科学史上一座辉煌的纪念碑。

阿基米德(公元前 287—前 212)出生在希腊西西里岛的叙拉古。公元前 214 年,罗马人发动了对叙拉古王国的侵略战争。为了保卫家乡,阿基米德用自己的全部智慧来抗击古罗马人的侵略。相传他用杠杆原理制成了一台投石机,威力巨大;他发明的起重机能抓起敌人的舰船,砸下来摔个粉碎;他发明过一种聚光镜,炽热的光束能烧毁远方的船舰……

公元前 212 年的一天,罗马士兵闯进阿基米德家中,阿基米德正伏在地上绘制一张几何图形,他喝令罗马士兵滚开,不要踩坏他的图形,罗马士兵残忍地杀害了他。

伟大的阿基米德倒下了。他“穷竭”了古希腊文明的大智慧,登上了古希腊数学的顶峰。

阿基米德的死亡标志着一个时代的衰落。从此古希腊数学犹如日落西山,一蹶不振,最终沉没在欧洲“黑暗的中世纪”之中。

正当古希腊文明沉没在地平线下面的时候,古老的中华文明犹如一轮红日,正放射着绚丽夺目的光彩。在阿基米德被罗马士兵野蛮杀害的公元前 212 年,秦始皇正巡视着那规模空前的大帝国。大一统的秦王朝屹立在世界的东方。

秦王朝为了发展生产与开展商业活动,在全国统一了度量衡制。不言而喻,对于这样一个幅员广阔的超级帝国,所设定的标准量器必定是高精度的,这就需要高精度的圆周率。据史料考证,秦汉时期中国的度量衡一直相当稳定。经魏晋数学家刘徽测量发现,一些量器所用的圆周率接近 3.14。这表明,秦汉时期的中华先民不仅掌握了高精度的圆周率,而且已将它应用于制定度、量、衡的国家标准。

圆周率的高精度计算,无论在学术研究还是在实践中都意义重大。尤其在古代,它是衡量一个数学家的数学才能和学术水平的重要尺度;它标志着一个国家、一个民族的文化发达程度;它显示了一个地区、一个时代的科技发展水平。

图 2　祖冲之画像

每当谈及圆周率,中国人都会无限自豪地想起祖冲之(见图 2)。祖冲之最杰出的成就是获得了当时最为精确的圆周率

$$3.1415926<\pi<3.1415927$$

这项纪录雄踞世界数坛一千多年。

从现存的史料来看,我国古代最早精确计算圆周率的数学家首推魏晋人刘徽,他在为《九章算术》作注时提出了计算圆周率的"割圆术"。

关于刘徽的生平传记,史书上很少记载,仅留下"魏陈留王景元四年(263 年)刘徽注《九章算术》"寥寥几个字。不过,由于《九章算术注》的杰出成就,在今天,连中国小学生也都熟悉大数学家刘徽这个光辉的名字。

1.2 启迪智慧的天书

中国古代最重要的一部数学经典《九章算术》中有个称作“圆田术”的重要命题：

$$\text{圆面积}=\text{半圆周长}\times\text{半径}$$

魏晋大数学家刘徽为这个命题作注，证明了这个圆面积公式的正确性。数学史上称圆田术的刘徽注为“割圆术”。

《割圆术》全文近 1800 字，是一篇千古奇文，其中承载有独树一帜、卓尔不群的大智慧。它是一部启迪智慧的天书。

“割圆术”内潜藏有许多数学珍宝，它们是智慧的结晶，然而识别这些智慧需要拥有智慧。

智慧，是在一般人看不到“智慧”的地方看出“智慧”的能力。然而在拥有这种能力之前，智慧便成了谜。

踏进“割圆术”这座科学殿堂，你会碰到许多难解之谜。刘徽的大智慧就潜藏在谜底里。

揭开谜底，你就增长了智慧。

为了说明圆同它的内接多边形的联系，有两条可供选择的途径：一是用圆的内接多边形的周长逼近圆周长，由半圆周长与半径的比率即可获得圆周率：

$$\text{圆周率 }\pi=\frac{\text{半圆周长}}{\text{半径}}$$

古希腊的阿基米德用穷竭法计算圆周率走的就是这一条路。后世许多数学家计算圆周率也都仿效阿基米德这种做法，因为多边形的周长有比较简单的数学表达式。

然而刘徽却独辟蹊径，偏偏着眼于面积，他用一系列内接正 n 边形的面积 S_n 来逼近圆面积。殊途同归，由圆面积与半径平方的比率同样获得圆周率：

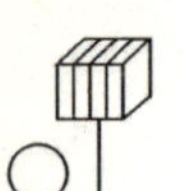

$$圆周率\ \pi=\frac{圆面积}{半径^2}$$

然而对正多边形来说,面积是通过周长来计算的,两者有繁简之别。在割圆计算中,刘徽为什么要“舍近求远”、“弃简取繁”呢?

1.3 东西方双神斗法

在公元前240年左右,古希腊的阿基米德在其名著《圆的度量》中,用穷竭法求出了圆周率的近似值 $\pi=3.14$。阿基米德的这项研究开创了圆周率科学计算的新纪元。

阿基米德的穷竭法用细微量的累加生成圆的面积值,这种做法类似经典数学的积分法,因此人们惊呼,阿基米德早于牛顿两千年就走到了微积分的大门口。阿基米德因此被推崇为“古代数学之神”。

认为阿基米德已经走到了微积分的大门口,这种评价是言过其实了。其实古希腊人畏惧“无穷”,穷竭法与极限论毫不相干。

我们将会看到,刘徽在“割圆术”中所表述的极限论,既有逻辑的严密性,又有几何的直观性和实际应用的可操作性。“极限”,这个令西方人望而生畏的“怪物”,竟在刘徽的割圆术中被轻而易举地制服了。

刘徽的割圆术所达到的学术高度是阿基米德的穷竭法所望尘莫及的。

刘徽是名副其实的“东方数学之神”。

1.4 通向无穷之路

大概在上古时期,人们早就发现这样一个有趣的事实:从圆周上任一点出发,以半径为步长沿着圆周朝前跨,这样恰好划分圆周成六等份。连接等分点生成圆的内接正六边形,它是由六个三角形单元组成的几何图形(见图3)。

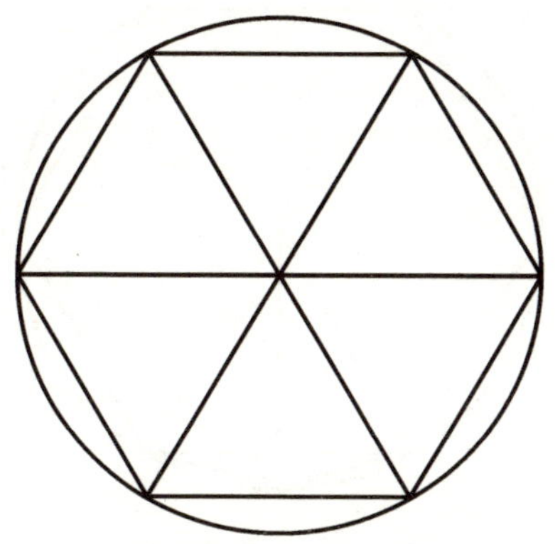

图 3　圆的内接正六边形

这个六边形简洁、均匀而对称，富有美感。圆与它的内接正六边形，一曲一直，相映成趣，令人遐想无限。

由于内接正六边形的边长等于半径，故其半周长是半径的三倍，由此得知圆周率的一个近似值：

$$\pi \approx \frac{\text{内接正六边形半周长}}{\text{半径}} = 3$$

这是人们所熟知的“古率”。

简单地用正六边形近似圆周，显得过于粗糙。为改善逼近效果，刘徽着手增加内接正多边形的边数。设将六等份的每个弧段再对半二分，结果生成圆的内接正 12 边形。据图可直观地看出，这个正 12 边形比原先的正六边形更接近于圆周(见图 4)。

割圆术用内接正多边形逼近圆周，试图以直代曲。为便于叙述，记其内接正 n 边形的边长为 l_n，周长为 L_n，面积为 S_n，另记圆半径为 r。上图鲜明地刻画了正 12 边形与正 6 边形的联系，利用勾股定理容易证明

$$S_{12} = 3l_6 \cdot r = \left(\frac{1}{2}L_6\right) \cdot r$$

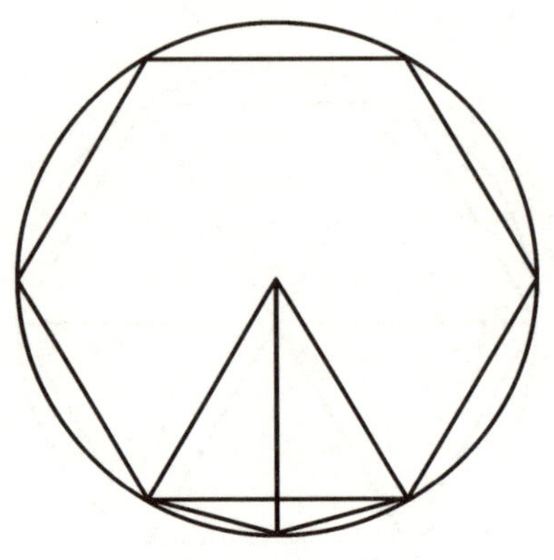

图 4　二分割圆手续

同理，将正 12 边形相邻顶点之间的弧段再对分为两半，进一步生成圆的内接正 24 边形，这时有

$$S_{24}=\left(\frac{1}{2}L_{12}\right)\cdot r$$

如此反复二分下去，一般地，有圆的内接正 $2n$ 边形的面积 S_{2n} 等于二分前的内接正 n 边形的半周长 $\frac{1}{2}L_n$ 与半径 r 的乘积：

$$S_{2n}=\left(\frac{1}{2}L_n\right)\cdot r$$

掌握高等数学知识的人们都知道，据此取极限即可得出所要求证的命题“圆面积等于半圆周长乘半径”。

然而，1700 多年前的刘徽能够超越极限论这座学术高峰吗？

不可思议的奇迹发生了！刘徽在这里竟发出一通发聋振聩的议论：

“割之弥细，所失弥少。割之又割，以至于不可割，则与圆合体而无所失矣。”

自然会问，刘徽究竟是怎样超越时代，运用极限方法论证面积公式的呢？

1.5 “扭亏为盈”易如反掌

刘徽针对割圆过程特别强调了“割之弥细，所失弥少”的观点。这就是说，圆的内接正多边形的边数 n 越多，内接正 n 边形的面积 S_n 与圆面积 S^* 之间的误差 S^*-S_n 就越小。该怎样刻画逼近误差呢？

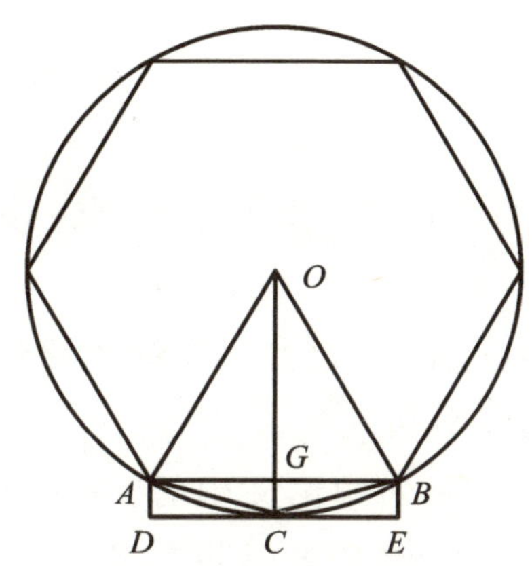

图 5 圆的双侧逼近

考察如图 5 所示的二分割圆过程，图中 AB,AC 分别是圆内接正 n 边形和内接正 $2n$ 边形的一条边，$\triangle AOB$ 和 $\triangle AOC$ 分别是二分割圆前后的老单元和新单元。刘徽特别看中了边 AB 与分割线 OC 的交点 G，称半径 OC 的边外部分 GC 为**余径**，长 $|AB|=l_n$，宽 $|GC|=r_n$ 的长方形 $ADEB$ 称为**余径长方形**，其面积等于 $l_n\cdot r_n$。其中，$\triangle ACB$ 称作**余径三角形**，其面积等于余径长方形的一半，即等于 $\frac{1}{2}l_n\cdot r_n$。

注意到多边形 $ADEBO$ 的面积等于四边形 $ACBO$ 的面积加上 $\triangle ACB$ 的面积，它超出了扇形 ABO 的面积，即有

四边形 $ACBO$ 面积<扇形 ABO 面积<多边形 $ADEBO$ 面积

将这些小单元累加在一起，有

$$S_{2n}<S^*<S_{2n}+(S_{2n}-S_n)$$

从而有误差估计式：

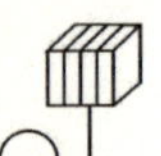

$$0 < S^* - S_{2n} < S_{2n} - S_n$$

这里，利用 S^* 的弱近似值 S_{2n} 加上偏差 $S_{2n}-S_n$，得出强近似值 $S_{2n}+(S_{2n}-S_n)$，化“弱”为“强”易如反掌，完全不需要像阿基米德的穷竭法那样牵扯出外切多边形，这是多么高明的“绝招”啊！

1.6 余径之奇

刘徽在这里引进了“余径”$|GC|=r_n$。在割圆过程中，余径是个逐渐消失的“小量”。

可别小看数学上的“小量”。山不在高，有仙则名；量不在小，有用则灵。秤砣虽小压千斤是人所共知的事实。

牛顿就是在无穷小量的基础上建立起巍峨的微积分大厦的。初期的微积分称作“无穷小分析”。

在微积分创立的初期，牛顿论文中的“无穷小”是随意而混乱的，它不是0，但又可以任意地小，因此被贝克莱主教讥讽为“消失的量的鬼魂”。

但在刘徽的割圆术中，无穷小的余径是个鲜活的存在，而且扮演着不可或缺的重要角色。

刘徽借助余径考察了余径长方形，发现它们包裹圆周生成了一个“破缺”的外切多边形，是外切多边形切去几个小角的产物（见图6）。

刘徽这里又出奇招。

我们知道，为了穷竭以直代曲的误差，阿基米德在计算内接多边形的同时还考虑了外切多边形，内外夹逼生成“不足”与“过剩”两种近似值。这种做法看起来很自然。

与阿基米德的做法不同，刘徽将外切多边形剪去几个小角，换成“破碎”的形式。直接从几何图形来看，似乎不太雅观，且有“弃简取繁”，故弄玄虚之嫌。

刘徽这样处理究竟为了什么？

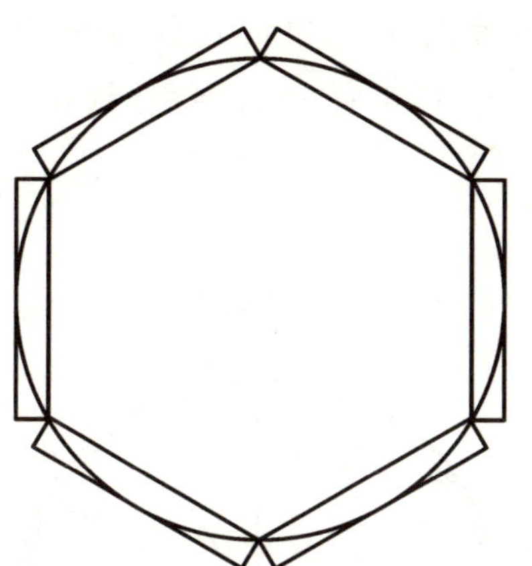

图 6　圆的余径多边形

前已指出，借助余径三角形可立即导出误差的双侧挤压公式：

$$0<S^{*}-S_n<S_{2n}-S_n$$

这个公式是割圆术的精髓。

依据双侧挤压公式，偏差值 $S_{2n}-S_n$ 可以充当 S^{*} 的误差界

$$|S^{*}-S_n|<S_{2n}-S_n$$

另一方面，利用勾股定理易知

$$S_{2n}-S_n=n\cdot\frac{1}{2}l_n\cdot r_n=\left(\frac{1}{2}L_n\right)\cdot r_n$$

刘徽指出，当分割次数无限增加时，余径就消失了。余径消失，余径多边形也就不复存在，因而多边形面积 S_n 趋向于某个极限 S^{*}，这个极限值 S^{*} 就是圆面积。

1.7　剪裁拼接化圆为方

最后证明如“圆田术”所述“圆面积等于半圆周长乘半径”这一命题。为此，刘徽采取剪裁拼接手续，将圆进一步加工成简单的长方形来考察。

如图 7 所示，将内接正 $2n$ 边形的各个三角形裁开，然后再重新拼接成如图 8 所示的“四边形”（近似长方形），其上下底的波浪线表示相

应的弧段。每两个相等的小三角形片拼成一个小四边形(近似长方形),其面积等于边长 l_{2n} 与半径 r 的乘积,故正 $2n$ 边形的总面积等于 $nl_{2n}\cdot r$,即等于其半周长 $n\cdot l_{2n}$ 乘半径 r。这就证明了开篇给出的面积公式:

圆面积=半圆周长×半径

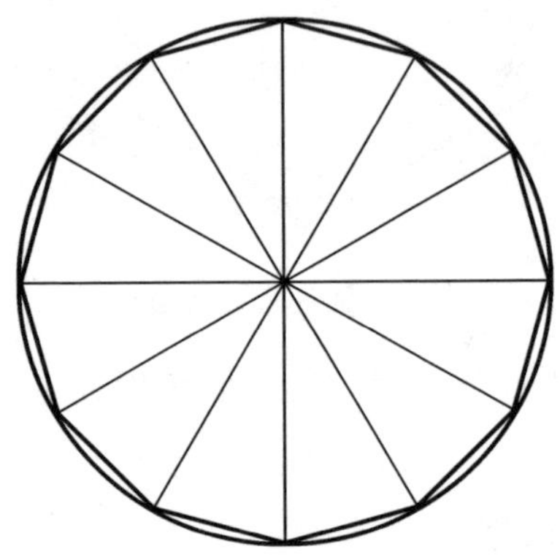

图 7　部分圆的内接多边形

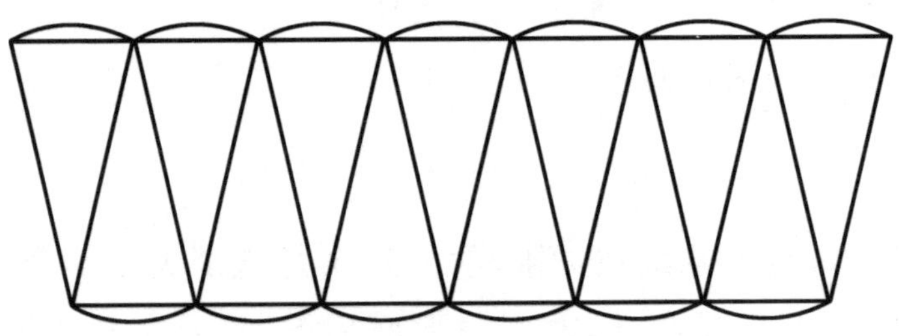

图 8　圆的内接多边形拼接成四边形

1.8　驾驭极限概念

重温刘徽"割圆术"中的一番话:

"割之弥细,所失弥少。割之又割,以至于不可割,则与圆合体而无所失矣。"

用现代数学的语言来表达,这番话是说,多边形的边数越多,误差 $|S^*-S_n|$ 越少,从而多边形的面积 S_n 以圆面积 S^* 为极限。

给极限下个定义其实很困难。所谓数列 S_n 以 S^* 为极限，要求误差 S^*-S_n 任意地小，而在极限 S^* 未知的情况下，准确地估计误差是不可能的。极限要靠误差来定义，误差要用极限来计算，这是个"先有蛋还是先有鸡"的问题。

究竟怎样定义极限，数学家长期找不到好办法，为此苦苦思索了两百年。直到 19 世纪中叶，"大器晚成"的德国数学家魏尔斯特拉斯，终于想出了一个"怪点子"，提出了所谓"ε-N 说法"。

"ε-N 说法"虽然在逻辑上是正确的，可它的可操作性差。对于具体给出的某个数列 S_n，根据事先给定的 ε 确定说法中的 N 通常是困难的。这种困难使极限学蒙上神秘的阴影。

令人料想不到的是，极限定义的困难竟在割圆术中被轻而易举地破解了。前已指出，刘徽在割圆术中导出了双侧挤压公式

$$S_{2n}<S^*<S_{2n}+(S_{2n}-S_n)$$

据此可用偏差 $S_{2n}-S_n$ 来估计误差 S^*-S_{2n}，有

$$0<S^*-S_{2n}<S_{2n}-S_n$$

这样，对任给精度 $\varepsilon>0$，只要顺序检查相邻的计算数据，一旦发现某个偏差值 $S_{2N}-S_N<\varepsilon$，即可断定 $S^*-S_{2N}<\varepsilon$。再注意到误差是逐步减少的，"割之弥细，所失弥少"，由此可以断定，对一切 $n>N$ 均有

$$0<S^*-S_n<\varepsilon$$

成立，因而数列 S_n 确实收敛于 S^*。

由此可见，刘徽的极限观念，即使从现今高等数学的观点来看，在逻辑上也是严格的。

纵观数学史，中国人研究数学走的是一条独特道路，完全不同于西方。西方人特别重视逻辑推理，热衷于创建公理化的理论体系；中国人则擅长于将数学理论蕴含于实际计算之中。每当碰到新的数学概念，诸如无理数、无穷小量等，在西方总会掀起轩然大波，甚至会因

为旧时的理论体系遭到破坏而导致“数学危机”。**中国则不然,中国人面对现实,承认一切实实在在的东西。每当碰到新的“数”和“量”,就在计算过程中逐渐地了解它们,熟悉它们,直至制服它们,驾驭它们。**

在阐述内接多边形面积 S_n 逐步逼近圆面积 S^* 时,刘徽强调“割之弥细,所失弥少”,这里的“失”是指逼近值的误差 $|S^*-S_n|$;而结论“以至于不可割,则与圆合体而无所失矣”,则是说明误差是个无穷小量。由于圆面积 S^* 是个未知量,误差 $|S^*-S_n|$ 的直接计算是困难的。刘徽避开这个困难而考察偏差 $|S_{2n}-S_n|$。偏差自然也是无穷小量,但由于它们是计算数据,因而容易进行分析。**利用无穷小量的偏差驾驭无穷小量的误差,是割圆术的一个秘诀。**

总之,令西方人感到恐惧甚至被称为“消失的量的鬼魂”的无穷小量,在刘徽的割圆术中却是鲜活的客观存在,它们扮演着各种角色,甚至起着举足轻重的作用。

中篇 策略之妙

第2章 简单重复生复杂

在数学体系中，许多复杂的结构遵从非常简单的数学公式。现代数学的分形几何和混沌现象，更是鲜明地刻画了这个事实。

“复杂”是数学探索的目标，“简单”则是数学思维的真谛。数学研究的基本方法是化繁为简，即将复杂化归为简单，这类方法称作**化归策略**。

化归策略的核心是转化，所以人们自然关心什么样的转化方式最简单？

现代数学的基本策略是用简单的重复生成复杂。“重复”无疑是一种最简单的加工手续。重复就是力量。“重复”成了现代数学方法的“神器”。

令人不可思议的是，刘徽早就认识到“重复”的巨大威力。在割圆术中，刘徽重复执行一组简单公式生成了圆周率的逼近序列，这种表达方式酷似今日的计算机程序。

简单的重复生成复杂，这一原理可能触发一场深刻的数学革命。

今天，人们都在热议“大数据”，甚至预言科学已进入“大数据时代”。“大数据”从何而来？无疑，大数据的产生与科学计算密切相关。深入剖析科学计算的内涵与本质，人们不难发现，产生大数据的根本因素是“重复”，特别是通过二分演化过程，数据逐步倍增的结果，正如割圆计算中边数逐步倍增那样。

2.1 圆周率的科学计算

刘徽在割圆术中指出，几何图形各式各样，但本质上非“直”即

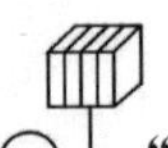

“曲”。圆是最基本、最简单的一种曲边图形。提供高精度的圆周率，其意义深远，应用广泛。

刘徽担心，圆周率这个数字具有复杂性，如果撇开数字去空谈道理，人们不容易理解和接受，因此他详细地记录了整个计算过程，包括一些主要的中间数据。

就这样刘徽给后人留下了一份珍贵的文化遗产，让后人目睹刘徽这位古代数学泰斗，是怎样精心实施一项庞杂的计算工程，进而提炼出“割圆术”这个千古绝技的。

中华数学最古老的一本经典著作《周髀算经》中，记载有三千多年前中华先贤商高的一句话：“圆出于方，方出于矩。”这句话的含义是，圆可以用多边形来逼近，边数逐步增多，多边形就会越来越逼近圆。多边形的计算靠勾股原理。

刘徽为实践这种方圆策略设计了二分割圆的计算方案。他用圆的内接正多边形逼近圆周，每二分一次，多边形的边数就增加一倍，即从正 6 边形割起，到正 12 边形，再到正 24 边形、正 48 边形、正 96 边形、正 192 边形……

设 l_n 表示正 n 边形的边长，S_n 表示其面积，从正 n 边形割到正 $2n$ 边形称作**二分一次**，其**运算格式**如图 9 所示。

图 9　刘徽割圆的二分格式

图中 $n=6,12,24,48,96$，如此反复计算，有如图 10 所示的链式**计算流程**：

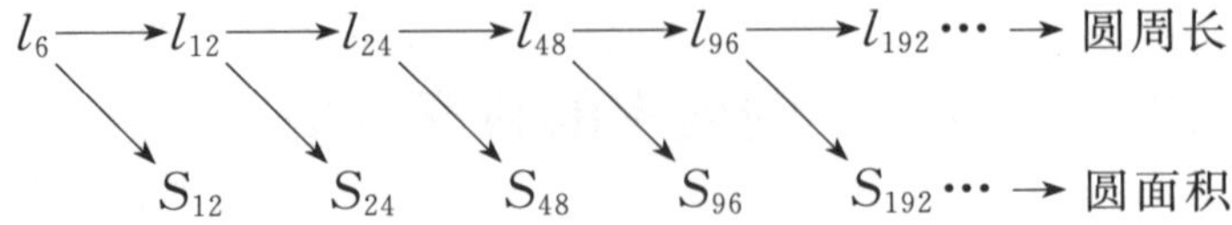

图 10　刘徽割圆的二分法

这项计算特色鲜明,它多次调用同一组计算公式,只是数据不同。这种重复计算的过程称作**演化过程**。刘徽不厌其烦地记录了割圆过程的中间环节,旨在刻画“简单的重复生成复杂”这一逼近原理。

二分割圆的核心是基于勾股计算实现二分格式(1)。

在进行逻辑演绎时,刘徽强调“析理以辞,解体用图”,即用言辞表达自己的逻辑思想,且辅以图形形象地刻画数学规则。割圆计算的二分手续如图 11 所示。

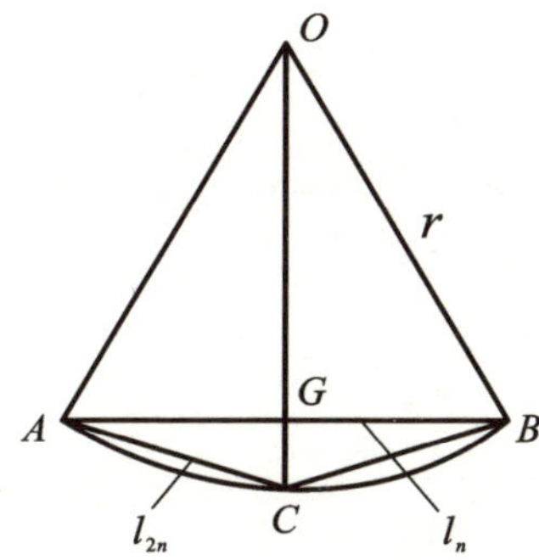

图 11 二分割圆的勾股计算

图中 AB 表示二分割圆前内接正 n 边形的边长 l_n,AC 表示二分割圆后内接正 $2n$ 边形的边长 l_{2n},点 G 为边 AB 与半径 OC 的交点,半径长 r,利用勾股定理有

$$|OG|=\sqrt{r^2-\left(\frac{l_n}{2}\right)^2}$$

$$|GC|=|OC|-|OG|=r-\sqrt{r^2-\left(\frac{l_n}{2}\right)^2}$$

$$|AC|=\sqrt{|AG|^2+|GC|^2}$$

据此可导出边长的递推算式

$$l_{2n}=\sqrt{\left(\frac{l_n}{2}\right)^2+\left[r-\sqrt{r^2-\left(\frac{l_n}{2}\right)^2}\ \right]^2} \tag{2}$$

此外,注意到 S_{2n} 等于 $2n$ 个$\triangle AOC$ 的面积,而

$$\triangle AOC\ \text{面积}=\frac{1}{2}|AG|\times|OC|$$

故有

$$S_{2n}=\frac{nr}{2}l_n \tag{3}$$

式(2)、式(3)就是刘徽所设计的二分割圆的**计算公式**。

我们列表(见表1)记录刘徽在割圆过程中求得的面积 S_n 及其偏差 $\Delta_n=S_{2n}-S_n$,以供后文作进一步的分析。

表1　二分割圆的计算结果

n	S_n	$\Delta_n=S_{2n}-S_n$
12	300	$10\frac{364}{625}$
24	$310\frac{364}{625}$	$2\frac{425}{625}$
48	$313\frac{164}{625}$	$\frac{420}{625}$
96	$313\frac{584}{625}$	$\frac{105}{625}$
192	$314\frac{64}{625}$	

又一个不可思议的现象出现了!

我们知道,化圆为方,以直代曲,用多边形逼近圆周,这是化有限为无穷的高等数学课题。上篇介绍了刘徽借助于偏差 $S_{2n}-S_n$ 巧妙地设计了双侧逼近公式,轻松地跨越了极限论的高门槛,将圆面积计算化归于计算一系列圆的内接正多边形面积 S_n。

本篇介绍刘徽基于简单的几何模型(见图11)计算正多边形面积 S_n。图11仅仅是由几个直角三角形组成的,因而割圆计算仅仅是几个勾股计算,二分过程本质上是简单的重复。

总之,刘徽的割圆术显示了"简单的重复生成复杂"这一原理的巨大威力。为了更深刻地阐述这一演化机制的内涵,我们先跟着芝诺去"追乌龟"。

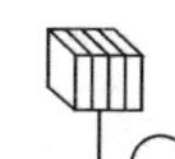

2.2 芝诺为什么“永远”追不上乌龟

芝诺(Zeno,公元前5世纪)是古希腊一位哲学家,他能言善辩,“巧舌如簧”,人称“诡辩鼻祖”。芝诺总是提出一些简单浅显而又是非不清的问题来考验人们的智慧,例如他声称:

“一个人不管跑得多快,也永远追不上爬在他前面的一只乌龟。”

这就是著名的**芝诺悖论**。

芝诺在论证这个命题时采用了如下形式的推理:

一个人追赶爬在他前面的一只乌龟。如果龟不动,那么人经过某个时刻便能追上它,但实际上龟在这段时间又爬行了一段路程,从而又得重新追赶(见图12)。**这样每做一步所归结出的问题是同样类型的追赶问题,因而这种追赶过程永远不会终结,芝诺据此断言人追上龟是“永远”不可能的。**

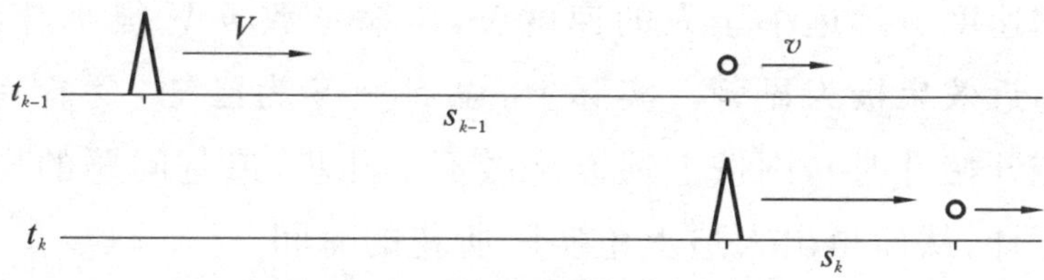

图12 芝诺悖论的追赶计算

芝诺悖论的命题很浅显,推理也很充分,但在逻辑上究竟错在哪里,却怎么也说不清楚。历代哲学家和数学家被芝诺悖论苦苦地折磨了两千多年,这个问题至今仍难以说得明白。

耐人寻味的是,**虽然芝诺悖论看起来很荒谬,但其算法设计思想却是极为精辟的。**

由于人龟追赶问题涉及人与龟两个活体的互动,它的求解具有复杂性,因此芝诺悖论将这种追赶计算拆成“追的计算”与“赶的计算”两

个环节。如图 12 所示,设人与龟的速度分别为 V 与 v,在时刻 t_k 相距 S_k,则追与赶两个计算环节表现为:

追的计算 先令龟不动,套用行程公式计算人追上龟所需的时间 $\Delta t_k = t_k - t_{k-1}$,即

$$\Delta t_k = \frac{S_{k-1}}{V}$$

赶的计算 再令人不动,套用行程公式计算龟在这段时间爬行的距离

$$S_k = v\Delta t_k$$

无论是追的计算还是赶的计算,它们都是简单的行程计算,通过这两项计算加工得出的虽然同样是追赶问题,但问题的“规模”已被大大地压缩了。譬如,设以人与龟的间距 S_k 定义为追赶问题的**规模**,那么,经过上述两项运算,问题的规模被压缩为 v/V 倍:

$$S_k = \frac{v}{V} S_{k-1}$$

由于龟的速度 v 远远小于人的速度 V,压缩系数 v/V 很小,因而这项计算的逼近效果极为显著。实际上,设 $S_0 = S$ 为已知,令 $t_0 = 0$(即从人龟起跑开始计时),则按上述方法做不了几步,追赶问题的规模就可以忽略不计,从而得出人追上龟实际所花的时间

$$T = \sum_k t_k$$

可见,芝诺悖论实际上设计了一个高效算法以破解人龟追赶问题的复杂性。我们称这种算法为**芝诺算法**。**芝诺算法的设计思想是,将复杂的追赶计算化归为追的计算与赶的计算两个简单的行程计算的重复。**

那么,芝诺悖论究竟是怎样“计时”的呢?究竟为什么人“永远”追不上龟呢?

我们知道,所谓“时间”,其本质是某种循环过程的重复次数。芝

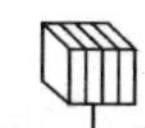

诺悖论中其实设置了两种时钟。一是“日常钟”t_k，其含义是人们所熟知的。芝诺算法中的重复次数 k 也可以理解为一种时钟，不妨称之为“芝诺钟”。**芝诺悖论断言人永远追不上爬在他前面的一只乌龟，其实是强调芝诺算法是个无穷的逼近过程，即按芝诺钟 k 计时“永远”求不出精确解。**

芝诺悖论是个“繁简互通”的思维模型，它表明繁（复杂）与简（简单）彼此是相通的，即一方面简单的重复生成复杂，另一方面，复杂可以转化为简单的重复，在这个意义上可表示为

$$\text{简单}\xrightleftharpoons{\text{重复}}\text{复杂}$$

无独有偶，在东方，刘徽的割圆术同样表达了这种繁简互通的思维模式。它将复杂的圆的计算与多边形的勾股计算沟通了起来。相比芝诺悖论，割圆术不仅在开发智力上有启迪意义，而且具有重大的学术价值与广泛的应用前景。

2.3 三问 Wolfram 的“新科学”

我们已进入科学技术迅猛发展的新时代。在今天，新事物层出不穷，令人眼花缭乱。人们正在充满激情地发问，未来的新科学会有怎样的新风采？

2002 年，美国学者 S. Wolfram 推出了他的鸿篇巨制《一种新科学》(*A New Kind of Science*)，该书表达了这样一种观点：“宇宙不过是几行程序代码”，“**让计算机反复地执行极其简单的运算法则，即可使之发展成为异常复杂的模型，进而解释各种自然现象**”。

S. Wolfram 所概括出的“简单的重复生成复杂”这一原理被学术界推崇为“与牛顿万有引力原理相媲美的科学金字塔”。

S. Wolfram 是个科学奇才，他 15 岁就发表了粒子物理方面的学

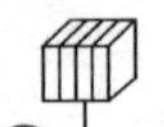

术论文,1981年,22岁的S. Wolfram被授予美国麦克阿瑟“天才人物奖”。他曾担任伊利诺伊大学的物理学、数学和计算机科学教授。他此后创办公司,开发了一款科学计算软件Mathematica而大获成功,积累了相当多的财富。20世纪90年代,S. Wolfram闭门“修炼”10余年,思考“全新的”学术结构,直至推出专著《一种新科学》。

按照S. Wolfram的观点,传统数学注定要失败,因为它过于偏重严密的证明。他不相信自然系统仅仅遵循传统的数学定律。他在《一种新科学》的序言指出:

“在此书中我的目的是用简单的电脑程序来表达更加一般类型的规律,并在此种规律基础上建立一种新科学,从而启动一场科学变革。”

简单的重复生成复杂,这是S. Wolfram“新科学”的基本信条。也许令S. Wolfram大为惊愕的是,早在1700多年前,中华先贤刘徽已在割圆计算的伟大实践中显示了这一信念的巨大威力。

我们赞同“简单的重复生成复杂”这个信条,但有下述三个方面的问题需要同S. Wolfram商榷:

其一,“新科学”的双向内涵。

“新科学”通过大量的计算机实验,由已知的“简单”生成形形色色的“复杂”。这些“复杂”大多是事先无法预测的。

然而“复杂”与“简单”的关系是双向的,即一方面从“简单”到“复杂”;另一方面从“复杂”到“简单”,即依据已知的“复杂”,寻求能重复生成这种“复杂”的“简单”。

后者是前者的反问题。人们更感兴趣的往往是依据“复杂”求“简单”的反问题。

例如,芝诺悖论将追赶计算的复杂化归为行程计算的简单。

其二,“新科学”的哲学思辨。

科学与哲学是紧密关联的。130多亿年以前,虚空中一次莫名其妙的“大爆炸”无中生有地诞生了我们这个宇宙。不言而喻,研究这个宇宙单靠科学方法是不够的,还要依靠人的思维能力,需要运用哲学思辨。

“新科学”缺乏深邃的哲理背景。据说 S. Wolfram“新科学”的研究团队认为,“新科学”在某种程度上**重新发现**了中国几千年的哲学思想,认为“新科学”与中华古代哲学是相通的,但在 S. Wolfram 的著作《一种新科学》中并没有就此作出说明与发挥。

“新科学”仰赖新思维。

其三,“新科学”的数学基础。

古希腊人早就明确指出,数学是探究宇宙奥秘的钥匙,数学是科学理论的精髓。顺应科学形态的改变,数学方法必然要发生深刻变革。

S. Wolfram“新科学”试图“丢弃”传统数学的微积分方法以及烦琐的几何证明,试问代之以怎样的数学体系呢?

“新科学”需要新数学。

总之,我们认为,新科学、新思维、新数学,应当三位一体地通盘进行设计,三者缺一不可。创立这种大一统的学术体系既是一场规模宏大的科学革命,也是一场深刻的思想革命,同时又是一场彻底的数学革命。

刘徽数学在这方面提供了有益的启示。

2.4 为演化数学呐喊

芝诺悖论太“虚”。它将复杂转化为简单的重复,目的在于将人们的思维引向虚无缥缈的境界。它是诡辩式的逻辑游戏。

而 S. Wolfram 的“新科学”则太“实”。他认为简单的重复能产生

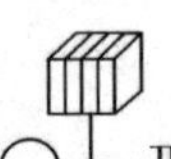

形形色色的复杂,但重复的内涵是什么,重复是怎样的演化机制,他没有从哲学高度去探究。

刘徽数学的基本宗旨是“观阴阳之割裂,总算术之根源”(《九章算术注》原序)。

刘徽坚信,为使简单的“重复”能产生真实、有意义的复杂,演化法则应当是阴阳的分裂与合成两种加工手续的综合,即为“伏羲宝钥”的二分演化模式。

人们在评述“割圆术”时,往往注重其无穷小分割的极限思想。诚然,早于牛顿、莱布尼茨 1500 多年之前刘徽就提出了极限概念,这是数学史上极其光辉的一页,然而极限值 π 是可想而不可得的。“割之又割,以至于不可割”实际上同时强调了分割过程的无限性。“割圆术”中还蕴含着无限分割的演化思想。

刘徽从“周三者,从其六觚之环耳”,即“径一周三”相当于用正 6 边形近似圆周这个基点出发,将圆依次割成正 12 边形、正 24 边形、正 48 边形,等等。每割一次,令正多边形的边数增加一倍,即利用正 n 边形计算正 $2n$ 边形。由此可见,割圆过程是个圆内接正多边形——形态不断演化的过程。

正如本卷篇末附录 B 中论文《千古绝技“割圆术”(续)》所述,刘徽的割圆手续从属于二分演化模式。

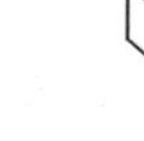

下篇 算法之神

第3章 “缀术”之谜

3.1 高性能计算的一个“瓶颈”

数学对象可能分属于不同的档次，它们有大小、繁简、难易之分。例如，直线图形的面积计算是人们所熟知的，但曲边图形的面积计算却很困难，从公元前 3 世纪古希腊的阿基米德的穷竭法，到三四百年前开创的微积分，一代又一代的数学家孜孜不倦地探索了两千多年，发现出路只有一条，运用化归策略，以简御繁，以直代曲，用简单逼近复杂。

复杂与简单往往有质的差异，化繁为简可能是个无穷的逼近过程。这样，逼近过程的收敛速度决定着逼近方法的优劣。一个收敛速度过于缓慢的逼近过程是没有实用价值的。

在 20 世纪 50 年代，随着电子计算机的普及，面对一系列大规模的计算工程，人们提出了逼近加速的外推技术，科学计算跃上了新的台阶。

传统外推加速方法的设计基于所谓余项展开式。由于余项展开式的推导往往很困难，加速算法的设计成了高性能计算的一道难以逾越的障碍。

众所周知，我国南北朝数学家祖冲之，早在公元 5 世纪就求出了高精度的圆周率 3.1415926，这项纪录领先世界一千多年。祖冲之称其算法设计技术为“缀术”。可惜《缀术》已失传千年，成了数学史上一

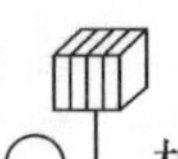

桩千古疑案。

千百年来多少人在追寻这样的谜梦:“缀术”会是一种逼近加速技术吗?历史的真相到底是怎么一回事?

3.2 阿基米德的“穷竭法”

在数学史上,圆周率这个奇妙的数字牵动着一代又一代数学家的心。不少人为之耗费了毕生的精力。据文献记载,在这方面做出过突出贡献的,当首推古希腊的阿基米德。在公元前3世纪,阿基米德求出了π的近似值3.14,突破了古率$\pi=3$的传统观念。阿基米德开创了圆周率科学计算新纪元。

被誉为“古代数学之神”的阿基米德,其重大数学成就之一,是用“穷竭法”计算一些曲边图形的面积,例如用内接与外切正多边形的周长来“穷竭”圆周,当多边形边数足够多时,由正多边形的周长获得圆周率的近似值。他从正6边形做起,割到正12边形、正24边形、正48边形,一直割到圆的内接与外切正96边形,得到π的弱近似值$\frac{223}{71}$与强近似值$\frac{22}{7}$,据此得知π约等于3.14。

此后一直到17世纪,在长达两千年的漫长岁月中,许多数学家都效仿阿基米德的做法,用内接与外切多边形的周长逼近圆周长,令边数逐步增多,从而获得越来越准确的圆周率。

譬如,在15世纪,阿拉伯数学家阿尔·卡西从正6边形、正12边形一直割到正6×2^{27}(8亿多)边形,求得准确到小数点后17位的圆周率

$$\pi=3.14159265358979323$$

17世纪初,德国人鲁道夫从圆的内接与外切正方形做起,用正2^{64}(约1800亿亿)边形的周长逼近圆周长,得出准确到小数点后35位的圆周率。鲁道夫为此感到自豪,要求在他的墓碑上铭刻这项成就。因

此，德国人常称 π 为“鲁道夫数”。

综上所述，为了计算圆周率，从阿基米德到鲁道夫，西方人不知疲倦地探索了两千年，然而这种方法由于收敛速度缓慢，在近代科学计算中已无人问津了。

3.3　祖冲之“缀术”之谜

祖冲之是公元 5 世纪南北朝数学家。

祖冲之在数学方面的重大成就，当首推关于圆周率的计算。据《隋书・律历志》记载：

“宋末，南徐州从事史祖冲之更开密法，以圆径一亿为一丈，圆周盈数三丈一尺四寸一分五厘九毫二秒七忽，朒数三丈一尺四寸一分五厘九毫二秒六忽，正数在盈朒二限之间。”

这就是说，祖冲之定出了圆周率的取值范围

$$3.1415926<\pi<3.1415927$$

此后一直到 15 世纪，再也没有出现比这更好的结果。这项辉煌的数学成就，在千年漫长岁月中一直处于世界领先的地位。

祖冲之的 π 值究竟是怎样求出来的呢？据考证，祖冲之的算法载于他的《缀术》一书中。

祖冲之称他的计算技术为“缀术”。据史书反映，缀术“时人称之精妙”，赞扬它“指要精密，算氏之最”。《隋书・律历志》说，祖冲之所著之书名《缀术》，“学官莫能究其深奥”。据说唐代指定《缀术》一书为朝廷钦定的数学教材。

“缀术”是什么？

祖冲之的原著《缀术》已失传千年，无从考证，人们还能还原其“真面目”吗？

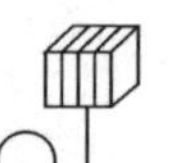

第4章　刘徽的神机妙算

4.1　数学史上一篇千古奇文

前文1.2节指出，刘徽在注《九章算术》时撰写了《圆田术注》，约1800字，后人称之为《割圆术》。割圆术证明了圆面积公式，并且提供了一个计算圆周率的优秀算法。

刘徽的《割圆术》是一篇千古奇文。它有许多亮点，前已指出，早在1700多年前，它就在人类数学史上首次提出了极限概念。

刘徽从圆的内接正六边形做起，令边数逐步倍增，计算圆内接正n边形面积S_n，并建立了圆面积S^*的一个逼近序列：

$$S_6 \to S_{12} \to S_{24} \to S_{48} \to \cdots \to S^*$$

这种加工手续开创了极限计算的先河。

相比之下，古希腊人畏惧无穷，阿基米德的穷竭法与极限思想毫不相干，因而与刘徽的割圆术不可同日而语。

其次，刘徽的割圆术中提出了一种高明的逼近策略，建立了下列**双侧逼近公式：**

$$S_{2n} < S^* < S_{2n} + (S_{2n} - S_n) \tag{4}$$

在逼近过程中，刘徽直接用数据的偏差$\Delta_n = S_{2n} - S_n$作为校正量，生成圆面积S^*的强近似值，从而舍弃了圆的外切多边形的计算，相比阿基米德的穷竭法显著地节省了计算量。

最后，特别值得指出的是，**刘徽的割圆术提出了一种逼近加速技术，在《割圆术》末尾，刘徽突然发力给出了一个神奇的精加工方法——我们称之为“刘徽神算”。**

本节推荐的逼近加速技术正是从刘徽神算中感悟并提炼出来的。

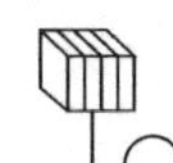

4.2 “一飞冲天”的“刘徽神算”

前已指出，阿基米德用穷竭法割到内接与外切正 96 边形，获得圆周率 $\pi=3.14$，这项成就开创了圆周率科学计算的新纪元。

人们自然会问，阿基米德为什么割到正 96 边形就终止计算了呢？他为什么不再继续割下去？显然更高精度的圆周率是诱人的。

这个问题的答案很简单，实际计算就会明白，在割圆过程中，边长每倍增一次都要耗费相当大的计算量（对于古人来说，这种计算量是相当大的），而且，少数几次割圆对改善精度意义不大。面对这个现实，阿基米德终止于正 96 边形得出圆周率 3.14，这种做法是明智的。

然而刘徽却对这个现实不满意。他取圆半径 $r=10$ 寸（即 1 尺）进行计算，发现正 96 边形二分割圆前后的两个结果

$$S_{96}=313\frac{584}{625},\quad S_{192}=314\frac{64}{625}$$

都相当于 $\pi=3.14$，它们太粗糙了。面对这种情况，刘徽突发奇想：**在几乎不耗费计算量的前提下，能否通过某种简单的加工手续，将两个粗糙的近似值 S_{96}，S_{192} 加工成高精度的结果呢？**

又想化粗为精，又不愿耗费计算量，这似乎有点异想天开。

割圆术中出现了这样的奇迹，刘徽突然“发力”，他将**偏差值**

$$\Delta=S_{192}-S_{96}=\frac{105}{625}$$

乘以**校正因子** $\omega=\frac{36}{105}$ 作为 S_{192} 的**校正量**，求得高精度的近似值：

$$\begin{aligned}\hat{S}&=S_{192}+\frac{36}{105}(S_{192}-S_{96})\\&=314\frac{64}{625}+\frac{36}{105}\left(314\frac{64}{625}-313\frac{584}{625}\right)\\&=314\frac{4}{25}\end{aligned}\qquad(5)$$

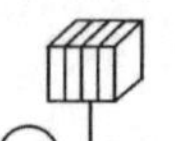

刘徽指出,这样加工的结果 $314\frac{4}{25}$ 相当于正 3072 边形的面积。

这样得出的结果 $S_{3072}=314\frac{4}{25}$ 相当于圆周率 $\pi=3.1416$,比 $\pi=3.14$ 一下子提高了两个数量级。真是一飞冲天!

这个案例可称为"刘徽神算"。

刘徽神算化粗为精的加工效果太神奇了。它的设计机理已大大地超出了人们想象力的极限,因而虽历经千年,至今仍未获得人们普遍的理解和接纳,而一直被禁锢在数学古籍之中。

4.3 刘徽神算的设计机理

我们看到,尽管二分割圆生成的多边形面积 S_n 逼近圆面积 S^*,但逼近过程收敛缓慢,为了获得高精度的圆周率,所要耗费的计算量可能变得很大。譬如,需要割到正 24576 边形,才能得出祖冲之的"密率"3.1415926。在古代用算筹这类简单的计算工具,实现如此浩大的计算工程是难以想象的。

面对这个现实,刘徽独具慧眼地提出了这样一个挑战性的课题:**设法将已经获得的数据进行"再加工",希望以尽量少的计算量为代价获得高精度的结果。**

刘徽用一个具体的算式(5),即

$$\hat{S}=S_{192}+\frac{36}{105}(S_{192}-S_{96})\approx S_{3072}$$

演示了这种设计方案的可行性。

被称为"刘徽神算"的这个数学案例,实际上表达了一种数据精加工方法。推广刘徽神算,自然可提出下述精加工技术:

设法寻求某个校正因子 ω,将偏差 $\Delta_n=S_{2n}-S_n$ 的 ω 倍作为数据 S_{2n} 的校正量,而使校正值

$$\hat{S}=S_{2n}+\omega(S_{2n}-S_n) \tag{6}$$

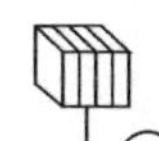

较 S_n 和 S_{2n} 具有更高的精度。

自然会问，作为校正技术的式(6)，为什么要选取形如 $\omega(S_{2n}-S_n)$ 的校正项呢？

前已指出，刘徽在割圆术中已导出了圆面积的双侧逼近公式(4)，借助于偏差 $\Delta_n=S_{2n}-S_n$，这个公式可表示为

$$0\cdot\Delta_n<S^*-S_{2n}<1\cdot\Delta_n$$

即误差 S^*-S_{2n} 被夹在系数分别为 0 和 1 的左右两极之间，因此应令式(6)中的校正因子 $0<\omega<1$，例如“刘徽神算”(式(5))中取 $\omega=\frac{36}{105}$。

另一方面，校正公式(6)亦可改写成数据 S_n 与 S_{2n} 的组合形式

$$\hat{S}=(1+\omega)S_{2n}-\omega S_n$$

按这种理解，所述精加工方法也是一种**组合技术**。

问题在于，这里组合系数为什么采取一正一负的逆反形式呢？

事实上，比较 S_n 和 S_{2n} 两个近似值，虽然它们都很粗糙，但 S_{2n} 总比 S_n 更为精确，即 S_{2n} 为“优”而 S_n 则为“劣”，所以加权平均应采取“激浊扬清”的态势，充分激发 S_{2n} 的“优”势而抑制 S_n 的“劣”势，为此令 S_n 的权系数 $-\omega<0$ 而令 S_{2n} 的权系数 $1+\omega>1$。

总之，**作为刘徽神算推广的校正公式(6)，是校正技术与组合技术两种技术的综合。为使这类技术真正保证提高精度的要求，该怎样具体地选取校正因子 ω 呢？**

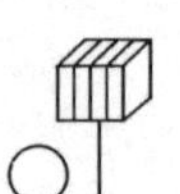

第 5 章　割圆计算的刘徽加速

再换一个视角考察前述数据精加工技术。针对无穷逼近过程 $\{S_n\}$，能否设计出更快收敛的逼近过程 $\{\hat{S}_n\}$ 呢？这就是逼近加速问题。

欲使精加工公式(6)成为逼近加速公式

$$\hat{S}_n=(1+\omega)S_{2n}-\omega S_n \tag{7}$$

其中校正因子 ω 应当是驾驭逼近过程的某个数学不变量，即是与逼近过程相关的某个普适常数。而数学常数通常采取比率的形式。

5.1　偏差比中传出好“消息”

刘徽对比率有深刻研究，他指出，比率的本意是相关量的比例关系。

在二分割圆过程中，刘徽特别关注偏差 $\Delta_n=S_{2n}-S_n$ 这个数学量，他自然会考察**偏差比**

$$\delta_n=\Delta_n/\Delta_{2n}$$

的变化趋势。刘徽的割圆计算实际上已造出了下列数据表(见表 2)：

表 2　割圆计算过程中的偏差比

n	S_n	Δ_n	δ_n
12	300	$10\frac{364}{625}$	3.95
24	$310\frac{364}{625}$	$2\frac{425}{625}$	3.99
48	$313\frac{164}{625}$	$\frac{420}{625}$	4.00
96	$313\frac{584}{625}$	$\frac{105}{625}$	
192	$314\frac{64}{625}$		

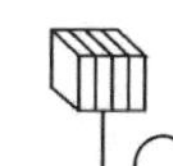

刘徽割圆术称偏差比为“幂率”。

从这些数据中能获得什么样的信息呢？无需进行理论分析，**直接观察幂率 δ_n 的数据(见表 2)即可发现，偏差比 δ_n 几乎为定数 4。**

刘徽由此发现了一个奇妙的事实：表面上杂乱无章的数据 S_n 中竟潜藏着极其鲜明的规律性，即其偏差比近似等于定数 4。

5.2 只要做一次“俯冲”

偏差比几乎是个定值，基于这个奇妙的规律，分析误差只是一蹴而就的事，据此只要做一次“俯冲”便能捕捉到所要的精加工公式。

事实上，由于在割圆计算过程中偏差比近似等于 4，从而得出一系列近似关系式：

$$S_{2n}-S_n\approx 4(S_{4n}-S_{2n})$$

$$S_{4n}-S_{2n}\approx 4(S_{8n}-S_{4n})$$

$$S_{8n}-S_{4n}\approx 4(S_{16n}-S_{8n})$$

$$\vdots$$

$$S_{2N}-S_N\approx 4(S_{4N}-S_{2N})$$

式中 N 是某个远大于 n 的正整数。

将这些式子累加在一起，其中间项相互抵消，得

$$S_{2N}-S_n\approx 4(S_{4N}-S_{2n})$$

这样，若取 S_{4N} 和 S_{2N} 作为 S_{2n} 的校正值 $\hat{S}$，则有

$$\hat{S}-S_n\approx 4(\hat{S}-S_{2n})$$

即有

$$\frac{\hat{S}-S_n}{\hat{S}-S_{2n}}\approx 4 \tag{8}$$

如果称近似值 S_n 与校正值 $\hat{S}$ 两者之差为**残差，则上式说明，若偏差比几乎为定数 4，那么残差比也近似等于 4。**

这样一来，精加工方法的设计就水到渠成了。事实上，从式(8)解出未知的 $\hat{S}$，有

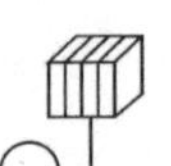

$$\hat{S}=S_{2n}+\frac{1}{3}(S_{2n}-S_n) \tag{9}$$

这个式子的含义是,在偏差比“几乎”为定数 4 的情况下,近似值的残差比也近似等于 4,因而残差$\hat{S}-S_{2n}$几乎等于偏差 $S_{2n}-S_n$ 的三分之一,从而立即导出所求的加速公式(9)。

5.3 扰人的“十字文”

再回到“割圆术”原文。**人们要求确切地回答,精加工策略(见式(9))确实是刘徽的本意吗?刘徽神算(见式(5))所选用的校正因子 $\omega=\frac{36}{105}$为什么同式(9)的$\frac{1}{3}$不同呢?**

这个问题是破解“割圆术”的又一关键所在!

刘徽究竟怎样得出精加工过程中的校正因子$\frac{36}{105}$,“割圆术”术文中“**以十二觚之幂为率消息**”这“十字文”就是陈述理由的。

然而由于年代久远,字义变化很大;加之辗转传抄,疏漏在所难免。后世以讹传讹,结果产生这句谜语般的“十字文”。

刘徽的《割圆术》作为数学史中的千古名篇,受到人们广泛的重视。后世学者不断地学习、研讨。尽管如此,虽历经千年仍然留下不少疑点。最为扰人的一个疑点就是“十字文”。

“以十二觚之幂为率消息”寥寥十个字,历朝历代,许多学者致力于破译这段隐晦的文字,但众说纷纭,莫衷一是,至今尚未形成定论。

“十字文”中包含有许多疑点。

“消息”一词,古今含义不同。古义“消长”,今义“音信”。据考证 3 世纪初两义通用,《九章算术注》恰好问世于这个时期。“十字文”中“消息”一词似应作“音信”解。

“率”字是比率的简称。中国古代数学注重率的分析,刘徽尤其精于此道。问题是分析何种“相关量”的“率”。“十字文”中有个“幂”字。

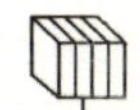

“幂”(多边形的面积)的计算是割圆术的主要内容,因此人们自然关心“幂率”,即前述偏差比。

圆的内接多边形古文称为“觚”。“十二觚”一说更使“十字文”显得扑朔迷离。割圆计算从正 6 边形割到正 12 边形,然后继续割到正 24 边形、正 48 边形、正 96 边形,直到正 192 边形。为什么刘徽偏偏“钟情”于“十二觚”?

为了加工正 192 边形的“新”数据 S_{192},竟利用“十二觚”的“老”信息,这似乎不合情理。清代大学者李潢因此在“十字文”前增补“一百九”三个字,而将它修改成“以一百九十二觚之幂为率消息”。

这种改法合适吗?

前面已指出,由于偏差比即“幂率”近似等于 4,所以将数据精加工的校正公式设计成式(9)的形式,即应令校正因子

$$\omega=\frac{1}{3}$$

为什么刘徽不取校正因子 ω 为 $\frac{1}{3}$,而如刘徽神算(见式(5))那样取它为 $\frac{36}{105}$ 呢?

术文的十字文“以十二觚之幂为率消息”中,刘徽特别点出了“十二觚”。参看表 2,如果选用正 12 边形的“幂率”$\delta_{12}=3.95$ 计算校正因子,结果有

$$\omega=\frac{1}{3.95-1}=\frac{1}{2.95}$$

这个值要比 $\frac{1}{3}=\frac{35}{105}$ 稍大一点,恰好接近于分数值 $\frac{36}{105}$。

至于刘徽为什么偏偏挑选“十二觚”的幂率,一个明显的理由是,这样处理,加工手续与加工结果 $314\frac{4}{25}$ 比较简洁(见式(5))。刘徽认为数学的简洁美至高无上。

总之,我们认为,如果按上述说法理解十字文“以十二觚之幂为率

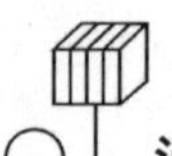

消息";或者,将其中"为"与"率"两个字对调位置,即改成

以十二觚之幂率为消息

似乎一切就顺理成章了。

幂率即偏差比,几乎是个定值,这真是个好"消息"。割圆术的设计因此跃上新的台阶。

5.4 差之毫厘,失之千里

加速因子究竟怎样选取才算合适呢?循着刘徽割圆术的思路,精确地计算直到正3072边形的面积,选取加速因子 $\omega=\frac{1}{3}$ 再按式(9)计算,计算结果列于表3中。表中括弧〈·〉标明数据准确到小数点后第几位。π 的真值为3.1415926535…。

表3 二分割圆的精确计算

n	S_n	$\hat{S}_n$
12	3.000 000 000〈0〉	
24	3.105 828 541〈1〉	3.141 104 722〈3〉
48	3.132 628 613〈1〉	3.141 561 791〈4〉
96	3.139 350 203〈1〉	3.141 590 733〈5〉
192	3.141 031 951〈3〉	3.141 592 534〈6〉
384	3.141 452 472〈3〉	3.141 592 646〈7〉
768	3.141 557 608〈4〉	3.141 592 653〈8〉
1536	3.141 583 892〈4〉	3.141 592 654〈8〉
3072	3.141 590 463〈5〉	3.141 592 654〈8〉

在割圆计算中,刘徽已获知直到正3072边形的数据。以上数据表显示,利用这些数据按照刘徽加速技术进行精加工,即可获得祖冲之的"密率"3.14159265。

刘徽如果这样做,那么中华数学史乃至世界数学史上有关圆周率科学计算部分就要彻底改写了。

差之毫厘,失之千里。刘徽的校正技术极为精彩,只是由于校正

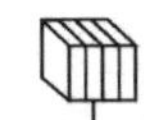

因子的处理稍欠精细，从而把一项千年称雄的数学成就留给了两百年后的祖冲之。

5.5 “缀术”再剖析

事实果真这样吗？

祖冲之的圆周率是怎样得出来的？如果直接用内接正多边形来逼近，要一直算到

$$24576=6\times 2^{12}$$

边形。耗费如此巨大的计算量，在筹算的古代是难以想象的。

中华民族是个智慧的民族，是个善于创新的民族。刘徽的加速技术是中华先贤超前思维的一个明证。

据隋唐古书记载，祖冲之的算法设计技术称为“缀术”。史书称赞缀术“指要精密，算氏之最”。但关于缀术的具体内容已无从考证，仅靠“缀术”一词能够窥探其中的奥秘吗？

顾名思义，汉字“缀”有两个含义：一是“缀合”，即组合，因此“缀术”就是组合技术；另一个含义是“缀补”，即修补和校正，在这个意义上，“缀术”亦可理解为校正技术。

这样，所谓“缀术”其实就是组合技术与校正技术。本节一开头就明确指出，刘徽的精加工技术正是这种技术。也许，据此可以断定，祖冲之的“缀术”正是继承了刘徽的“衣钵”——特别是刘徽的割圆术，归纳总结出来的。

数学史先辈钱宝琮先生早就猜测过祖冲之与刘徽之间的传承关系。我们深信，祖冲之将自己的算法设计技术命名为“缀术”，目的也是试图向世人表白：自己的数学成就，只是前人特别是刘徽的研究工作的缀补和修正。**因此“缀术”实质上只是《九章算术》刘徽注的祖冲之注。**

也许这就是历史的真相。

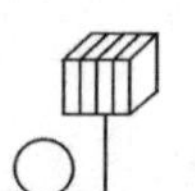

5.6 平庸的新纪录

前已指出,祖冲之于公元5世纪所获得的准确到小数点后7位有效数字的圆周率3.1415926…千年称雄于世界。这项纪录直到15世纪才被打破。阿拉伯人阿尔·卡西于1424年写成《圆周论》,发表了当时世界上最为精确的圆周率。

阿尔·卡西的割圆过程沿用阿基米德的做法:从正六边形做起,逐步计算圆的内接与外切多边形的周长。每分割一次,令正多边形的边数倍增。到了15世纪,阿拉伯数字和十进小数计数法的使用,给实际计算提供了很大方便。阿尔·卡西反复割圆,一直算到

$$6\times 2^{27}=805306368$$

即8亿多边形,得出准确到小数点后17位的圆周率

$$\pi=3.14159265358979323$$

从而打破了祖冲之千年称雄的世界纪录。

阿尔·卡西的这项结果表面上看起来很华丽,但其本质是平庸的。其一,他所使用的计算公式其实就是刘徽公式;其二,后文将会看到,运用刘徽的加速技术,用祖冲之已获得的正24576边形的数据就能加工出阿尔·卡西8亿多边形的结果。

这里再现阿尔·卡西所获得的数据。令直径为1,则内接正n边形的边长

$$l_n=n\cdot\sin\frac{\pi}{n}$$

设取$n=6,12,24,\cdots$反复进行计算,计算结果列于表4中。表中数据是借助于数学软件"Mathematica"获得的,计算过程避开了舍入误差的积累。

表4 二分割圆的电算数据

n	l_n	δ_n
6	3.000 000 000 000 000 000 〈0〉	3.948 815 549 036 689 1

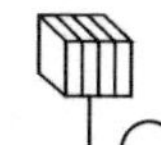

续表

n	l_n	δ_n
12	3.105 828 541 230 249 148 〈1〉	3.987 162 707 851 017 4
24	3.132 628 613 281 238 197 〈1〉	3.996 788 098 191 334 7
48	3.139 350 203 046 867 207 〈1〉	3.999 196 863 295 489 2
96	3.141 031 950 890 509 638 〈3〉	3.999 799 205 744 363 9
192	3.141 452 472 285 462 075 〈3〉	3.999 949 800 806 102 4
384	3.141 557 607 911 857 645 〈4〉	3.999 987 450 162 151 0
768	3.141 583 892 148 318 408 〈4〉	3.999 996 862 538 076 8
1536	3.141 590 463 228 050 095 〈5〉	3.999 999 215 634 365 4
3072	3.141 592 105 999 271 550 〈6〉	3.999 999 803 908 581 7
6144	3.141 592 516 692 157 447 〈6〉	3.999 999 950 977 144 8
12288	3.141 592 619 365 383 955 〈7〉	3.999 999 987 744 286 1
24576	3.141 592 645 033 690 896 〈7〉	3.999 999 996 936 071 5
49152	3.141 592 651 450 767 651 〈8〉	3.999 999 999 234 017 8
98304	3.141 592 653 055 036 841 〈9〉	3.999 999 999 808 504 4
196608	3.141 592 653 456 104 139 〈9〉	3.999 999 999 952 126 1
393216	3.141 592 653 556 370 963 〈10〉	3.999 999 999 988 031 5
786432	3.141 592 653 581 437 669 〈11〉	3.999 999 999 997 007 8
1572864	3.141 592 653 587 704 346 〈11〉	3.999 999 999 999 251 9
3145728	3.141 592 653 589 271 015 〈12〉	3.999 999 999 999 812 9
6291456	3.141 592 653 589 662 682 〈12〉	3.999 999 999 999 953 2
12582912	3.141 592 653 589 760 599 〈13〉	3.999 999 999 999 988 3
25165824	3.141 592 653 589 785 078 〈13〉	3.999 999 999 999 997 0
50331648	3.141 592 653 589 791 198 〈14〉	3.999 999 999 999 999 2
100663296	3.141 592 653 589 792 728 〈14〉	3.999 999 999 999 999 8
201326592	3.141 592 653 589 793 110 〈15〉	3.999 999 999 999 999 9
402653184	3.141 592 653 589 793 206 〈16〉	
805306368	3.141 592 653 589 793 230 〈17〉	

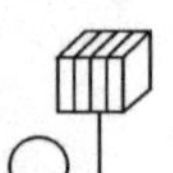

兵贵神速。如果运用刘徽的加速技术,结果又会怎样呢?

为了运用刘徽加速技术进行精加工,首先需要澄清偏差比是否“几乎”为定值。利用逼近数据 l_n 计算偏差 $\Delta_n=l_{2n}-l_n$,进而求出偏差比 $\delta_n=\Delta_n/\Delta_{2n}$。计算结果 δ_n 列于表 4 的右侧。我们看到,这里偏差比 δ_n 越来越逼近定值 4。因此,加速公式仍具有式(9)的形式:

$$\hat{l}_n=l_{2n}+\frac{1}{3}(l_{2n}-l_n)$$

依这一公式加工表 4 的数据 l_n,加工结果 $\hat{l}_n$ 列于表 5 中。数据尾部依然标明准确到小数点后第几位。

表 5　二分割圆电算数据的精加工

n	$\hat{l}_n$	n	$\hat{l}_n$
6	3.141 104 721 640 332 197　〈3〉	768	3.141 592 653 587 960 658　〈11〉
12	3.141 561 970 631 567 880　〈4〉	1536	3.141 592 653 589 678 702　〈12〉
24	3.141 590 732 968 743 543　〈5〉	3072	3.141 592 653 589 786 079　〈13〉
48	3.141 592 533 505 057 115　〈6〉	6144	3.141 592 653 589 792 791　〈14〉
96	3.141 592 646 083 779 554　〈7〉	12288	3.141 592 653 589 793 210　〈16〉
192	3.141 592 653 120 656 168　〈9〉	24576	3.141 592 653 589 793 236　〈17〉
384	3.141 592 653 560 471 996　〈10〉		

对照表 5 和表 4 可以看出,**为了获得阿尔·卡西割到 8 亿多边形所创造的新纪录,运用刘徽的精加工方法只要割到正 24576 边形,后者相当于祖冲之所应该掌握的逼近数据。**

刘徽加速技术的效果简直令人难以置信!

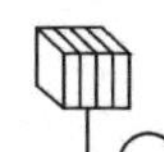

第6章　混沌常数的加速算法

刘徽说过:"事类相推,各有攸归,故枝条虽分而同本干者,知发其一端而已。"他还说:"触类而长之,则虽幽遐诡伏,靡所不入。"这就是说,一门学科就像树干上长出许多枝条一样,应该有着共通的基本原理,而掌握了基本原理,就可以举一反三,触类旁通。

前述刘徽加速技术可广泛应用于科学与工程计算。下面以混沌学中倍周期分叉计算为例说明这种技术的现实意义。

6.1　倍周期分叉过程

我们知道,"混沌"的原意是极端的混乱与无序,乱七八糟。那么,在一片"混乱"的混沌中是否潜藏着某种秩序呢?美国学者M. J. Feigenbaum经过艰苦的探索,发现任何混沌现象都具有相同的"趋向速度"——Feigenbaum **常数**。

考察一个简单的迭代过程

$$x_{n+1}=\lambda x_n(1-x_n)$$

实际计算发现,当 $\lambda>3$ 时会发生一系列异常现象,如图13所示,即存在关于 λ 的某个数列 $\{\lambda_k\}$。当 $\lambda_1<\lambda<\lambda_2$ 时,迭代终值在两个点 ξ_1,ξ_2

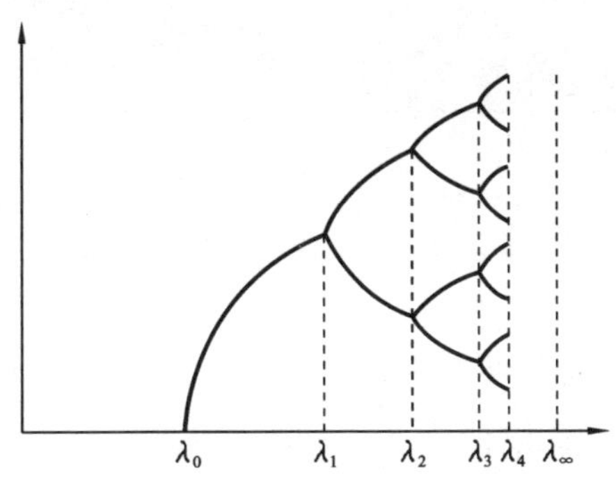

图13　倍周期分叉过程

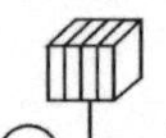

之间跳动，这两个点称为 2 **周期点**。又当 $\lambda_2<\lambda<\lambda_3$ 时，迭代终值在 4 个点之间跳动，称之为 4 **周期点**，等等。这一过程通常称作**倍周期分叉**过程。

一般地，当 $\lambda_{k-1}<\lambda\leqslant\lambda_k$ 时，迭代终值为 2^{k-1} 周期点 $\xi_1,\xi_2,\cdots,\xi_{2^{k-1}}$，它们满足一个含有 $2^{k-1}+1$ 个变元 $\lambda_k,\xi_1,\xi_2,\cdots,\xi_{2^{k-1}}$ 的非线性方程组，当 k 增大时，求解上述方程组的计算量急剧增大。Feigenbaum 采用当时最先进的超级计算机，经过艰苦的计算获得一系列 λ_k 值。表 6 列出了一些 λ_k 的值，它们明显地收敛到某个定值 λ_∞。当 λ 超过 λ_∞ 后，周期性消失，混沌便出现了。

表 6　倍周期分叉过程中参数 λ_k 的值

k	λ_k	$\lambda_k-\lambda_{k-1}$	δ_k
1	3.000 000 000 0		
		0.449 489 742 8	
2	3.449 489 742 8		4.751 4
		0.094 600 607 8	
3	3.544 090 350 6		4.656 2
		0.020 316 915 5	
4	3.564 407 266 1		4.668 2
		0.004 352 155 3	
5	3.568 759 419 6		4.668 7
		0.000 932 190 2	
6	3.569 691 609 8		4.669 1
		0.000 199 649 4	
7	3.569 891 259 4		4.669 2
		0.000 042 759 0	
8	3.569 934 018 4		

6.2　Feigenbaum 常数

下面运用刘徽“割圆术”的处理方法考察倍周期分叉计算。为此，计算偏差 $\lambda_k-\lambda_{k-1}$ 及偏差比

$$\delta_k=\frac{\lambda_k-\lambda_{k-1}}{\lambda_{k+1}-\lambda_k}$$

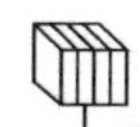

这些值列于表 6 中。通过计算可以发现,同前面圆周率的计算类似,这里偏差比 δ_k 也趋于某个定值 δ。

实际上,这个值

$$\delta=4.6692\cdots$$

就是著名的 Feigenbaum **常数**。

Feigenbaum 常数的发现具有极其重要的意义。正是在乱七八糟的混沌数据中存在着这类规律性,才使混沌学在学科体系中真正地确立了自己的地位。

Feigenbaum 常数 δ 在混沌学中被称作混沌产生的“速率”。这里又一次展示了“率”的分析的重大意义。“率”——这个中国传统数学的“传家宝”,竟在混沌学等众多数学学科的创立过程中扮演了重要角色。

再回到倍周期分叉的计算上来。既然数列 $\{\lambda_k\}$ 有几乎为定值 δ 的偏差比,那么它的加速公式便水到渠成了。

设按表 6 的计算结果,简单地取 $\delta=4.6692$,则按刘徽加速法则,有校正公式

$$\hat{\lambda}_k=\lambda_{k+1}+\frac{1}{3.6692}(\lambda_{k+1}-\lambda_k)$$

加工结果列于表 7 中,数据尾部仍标明准确到小数点后第几位。

表 7 倍周期分叉计算的刘徽加速

k	λ_k	$\hat{\lambda}_k$
1	3.000 000 000 0〈0〉	3.571 993 214〈1〉
2	3.449 489 742 8〈0〉	3.569 872 702〈3〉
3	3.544 090 350 6〈1〉	3.569 944 417〈5〉
4	3.564 407 266 1〈2〉	3.569 945 550〈6〉
5	3.568 759 419 6〈2〉	3.569 945 667〈8〉
6	3.569 691 609 8〈3〉	3.569 945 671〈8〉
7	3.569 891 259 4〈3〉	3.569 945 671〈8〉
8	3.569 934 018 4〈4〉	

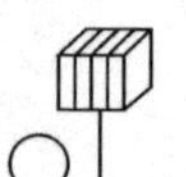

我们看到,这里仅仅用了几个相当粗糙的数据做了几次加减乘除,所加工得出的结果

$$\hat{\lambda}=3.569945671$$

与准确值

$$\lambda_{\infty}=3.569945672\cdots$$

竟是高度吻合的。

由于条件限制,我们没有用超级计算机进行这项数值实验。可以想象,在超级计算机上要直接获得这一结果将会耗费许多机时。然而刘徽的加速方法只要做几次加减乘除,计算量几乎可以忽略不计。表7的计算结果实际上是结合计算器人工手算算出来的。

这个算例说明,**如果设计的算法高明,人工手算甚至可能胜过超级计算机的高性能计算。**

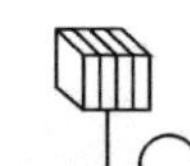

结语 “李约瑟难题”新解

在古今数学史上，刘徽的数学成就无与伦比。然而人们又会发出这样的感叹：既然刘徽早在1700多年前就走到了微积分的大门口，为什么近代中国数学如此落后呢？

英国学者李约瑟是个中国通。他对中国人民亲善友好，对中华文明推崇备至。李约瑟也曾发出这样的疑问：古代中国科技相当发达，中华数学曾千年世界领先，为什么中国人没有创造出微积分呢？

牛顿数学的尴尬

我们正处在数字化时代。数据的加工处理是现代数学研究的主旋律。怎样将“原始数据”加工成“结果数据”呢？

从古希腊数学直到微积分，西方数学可统称为**演绎数学。演绎数学方法加工数据历经功能相反的两大环节：一方面，它将离散化为连续，用函数“管住”离散的数据，再化有限为无限，用极限语言的微分方程“约束”所考察的函数。微分方程是微积分方法的精华，它虽然形式简单但寓意深邃，计算机根本无法理解。为此，在计算机上求解微分方程时，必须要反过来将连续重新转化为离散，将无限重新转化为有限，再将微分方程转化为代数方程。这样生成的代数方程组往往是大规模或超大规模的，需要求助于超级计算机的高性能计算**，如图14所示。

可以想象，这样离散与连续、有限与无限的反复折腾，不但要耗费巨大的计算量，而且会严重损失精度，其代价是巨大的。

能否另辟蹊径呢？

另一方面，微积分方法本质上是逼近法。项武义曾经生动地比喻说：**程咬金三斧头，微积分方法其实只有一斧头，那就是逼近法。**

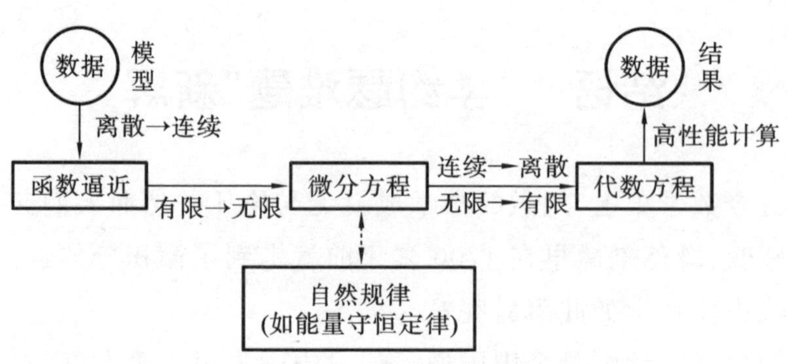

图 14　演绎数学方法的数据处理过程

数学家们最为关心的问题是,怎样刻画逼近过程的精度?如果逼近过程收敛速度缓慢,该怎样提速呢?

逼近法的微积分竟然无法完美解决自身的逼近加速问题,这是牛顿数学的尴尬!

“割圆术”是演化数学方法的典范

能否另辟蹊径呢?

我们知道,微分方程是客观自然规律的数学描述,而自然规律(如守恒定律)往往是简明的,能否直接依据自然规律设计出数据的演化法则,从而一蹴而就地将原始数据加工成结果数据呢?我们称这种数据加工的直接方法为**演化数学方法**。

演化数学方法的路线图如图 15 所示:

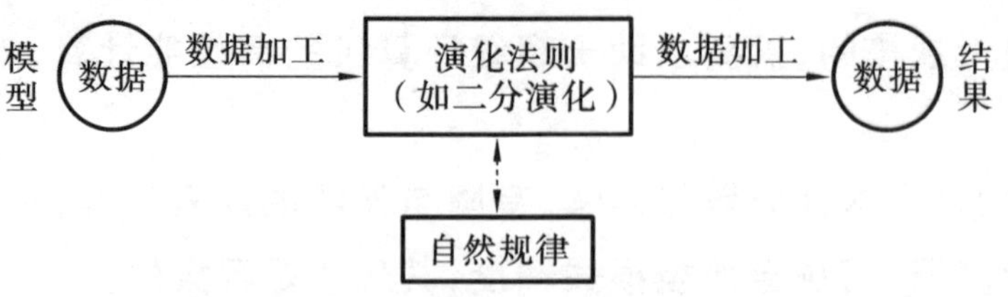

图 15　演化数学方法的路线图

我们看到,刘徽的割圆术是演化数学方法的光辉典范。在刘徽割圆术的基础上,构建演化数学方法的学科体系,是我们多年的梦想。

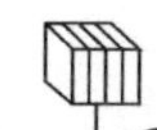

我们希望将这个问题摊开来向学术界讨个说法。

在探索演化数学方法的过程中，我们曾得到学术界先辈们的关怀和鼓励。徐利治先生一次来信(1996 年 1 月 27 日)说：

我很赞成您用“演化的数学”概念以代替“存在的数学”概念。现代数学和未来数学都将以研究“演化与奇异、超常过程的模式”为主要对象。数学的理论思维肯定将进入新的境界。

今天，高新技术正迅猛发展，日新月异。在这大变革、大动荡的新时代，未来数学将走向何方？

1990 年 8 月 8 日，中国数学家们聚于北京科学会堂，庆祝“数学机械化研究中心”成立。这次大会上回荡着“复兴中华”的时代最强音。我国数学界老前辈程民德先生在致大会的贺词中，祝愿这个中心“不仅是振兴而且是复兴中华数学的基地之一。”请再听一听吴文俊先生的豪言壮语吧：

21 世纪将以脑力机械化为其重要标志。……数学的活动是典型的脑力劳动。我国先哲在数学上所建立的算法体系，正是数学劳动机械化的典范。在先哲光辉思想的照耀下，我国数学家理应率先迈步进入这一脑力劳动机械化的新时代。

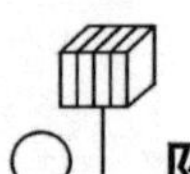

附录A　刘徽“割圆术”术文

割圆术术文(上)

(圆田术)术曰:半周半径相乘得积步。

[1]　按半周为纵,半径为广,故广纵相乘为积步也。

[2]　假令圆径二尺,圆中容六觚之一面,与圆径之半,其数均等,合径率一而觚周率三也。

[3]　又按为图,以六觚之一面乘半径,因而三之,得十二觚之幂。若又割之,次以十二觚之一面乘半径,因而六之,则得二十四觚之幂。

[4]　割之弥细,所失弥少。割之又割,以至于不可割,则与圆合体而无所失矣。

[5]　觚面之外,犹有余径。以面乘余径,则幂出觚表。

[6]　若夫觚之细者,与圆合体,则表无余径。表无余径,则幂不外出矣。

[7]　以一面乘半径,觚而裁之,每辄自倍。故以半周乘半径而为圆幂。

[8]　此以周径,谓至然之数,非周三径一之率也。周三者从其六觚之环耳。以推圆规多少之较,乃弓之与弦也。

[9]　然世传此法,莫肯精核。学者踵古,习其谬失。不有明据,辩之斯难。

割圆术术文(中)

[10]　凡物类形象,不圆则方。方圆之率,诚著于近,则虽远可知也。由此言之,其用博矣。谨按图验,更造密率。

［11］ 恐空设法，数昧而难譬。故置诸检括，谨详其记注焉。

［12］ 割六觚以为十二觚术曰：置圆径二尺，半之为一尺，即圆里六觚之面也。令半径一尺为弦，半面五寸为勾，为之求股。以勾幂二十五寸减弦幂，余七十五寸。开方除之，下至秒忽。又一退法，求其微数。微数无名者以为分子，以十为分母，约作五分忽之二。故得股八寸六分六厘二秒五忽五分忽之二。以减半径，余一寸三分三厘九毫七秒四忽五分忽之三，谓之小勾。觚之半面又谓之小股。为之求弦。其幂二千六百七十九亿四千九百一十九万三千四百四十五忽，余分弃之。开方除之，即十二觚之一面也。

［13］ 割十二觚以为二十四觚术曰：亦令半径为弦，半面为勾，为之求股。置上小弦幂，四而一，得六百六十九亿八千七百二十九万八千三百六十一忽，余分弃之，即勾幂也。以减弦幂，其余，开方除之，得股九寸六分五厘九毫二秒五忽五分忽之四。以减半径，余三分四厘七秒四忽五分忽之一，谓之小勾。觚之半面又谓之小股。为之求小弦。其幂六百八十一亿四千八百三十四万九千四百六十六忽，余分弃之。开方除之，即二十四觚之一面也。

［14］ 割二十四觚以为四十八觚术曰：亦令半径为弦，半面为勾，为之求股。置上小弦幂，四而一，得一百七十亿三千七百八万七千三百六十六忽，余分弃之，即勾幂也。以减弦幂，其余，开方除之，得股九寸九分一厘四毫四秒四忽五分忽之四。以减半径，余八厘五毫五秒五忽五分忽之一，谓之小勾。觚之半面又谓之小股。为之求小弦。其幂一百七十一亿一千二十七万八千八百一十三忽，余分弃之。开方除之，得小弦一寸三分八毫六忽，余分弃之。即四十八觚之一面。

以半径一尺乘之，又以二十四乘之，得幂三万一千三百九十三亿四千四百万忽。以百亿除之，得幂三百一十三寸六百二十五分寸之五百八十四，即九十六觚之幂也。

［15］ 割四十八觚以为九十六觚术曰：亦令半径为弦，半面为勾，为之求股。置次上弦幂四而一，得四十二亿七千七百五十六万九千七

百三忽,余分弃之,则勾幂也。以减弦幂,其余,开方除之,得股九寸九分七厘八毫五秒八忽十分忽之九。以减半径,余二厘一毫四秒一忽十分忽之一,谓之小勾。觚之半面又谓之小股。为之求小弦。其幂四十二亿八千二百一十五万四千一十二忽,余分弃之。开方除之,得小弦六分五厘四毫三秒八忽,余分弃之,即九十六觚之一面。以半径一尺乘之,又以四十八乘之,得幂三万一千四百一十亿二千四百万忽。以百亿除之,得幂三百一十四寸六百二十五分寸之六十四,即一百九十二觚之幂也。

[16] 以九十六觚之幂减之,余六百二十五分寸之一百五,谓之差幂。倍之,为分寸之二百一十,即九十六觚之外,方田九十六。所谓以弦乘矢之凡幂也。加此幂于九十六觚之幂,得三百一十四寸六百二十五分寸之一百六十九,则出于圆之表矣。

故还就一百九十二觚之全幂三百一十四寸,以为圆幂之定率,而弃其余分。

以半径一尺除圆幂,倍之得六尺二寸八分,即周数。

[17] 令径自乘为方幂四百寸,与圆幂相折,圆幂得一百五十七为率,方幂得二百为率。方幂二百,其中容圆幂一百五十七也。圆率犹为微少。按觚田图令方中容圆,圆中容方,内方合外方之半。然则圆幂一百五十七,其中容方幂一百也。

又令径二尺与周六尺二寸八分相约,周得一百五十七,径得五十,则其相与之率也。

周率犹为微少也。

[18] 晋武库中汉时王莽作铜斛,其铭曰:“律嘉量斛,内方尺而圆其外,庣旁九厘五毫,幂一百六十二寸,深一尺,积一千六百二十寸,容十斗。”以此术求之,得幂一百六十一寸有奇,其数相近矣。

割圆术术文(下)

[19] 此术微少,而差幂六百二十五分寸之一百五。以十二觚之

幂为率消息，当取此分寸之三十六，以增于一百九十二觚之幂以为圆幂，三百一十四寸二十五分寸之四。

［20］ 置径自乘之方幂四百寸，令与圆幂通相约，圆幂三千九百二十七，方幂得五千。是为率，方幂五千中容圆幂三千九百二十七，圆幂三千九百二十七中容方幂二千五百也。

以半径一尺除圆幂三百一十四寸二十五分寸之四，倍之得六尺二寸八分二十五分寸之八，即周数也。

全径二尺，与周数相通约，径得一千二百五十，周得三千九百二十七，即其相与之率。

［21］ 若此者，盖尽其纤微矣。举而用之，上法仍约耳。

［22］ 当求一千五百三十六觚之一面，得三千七十二觚之幂，而裁其微分，数亦宜然，重其验耳。

附录B　论文两篇

千古绝技"割圆术"[①]

王能超
(华中理工大学 并行计算研究所 430074)

摘　要　根据史料和数值实验证明，刘徽计算圆周率的"割圆术"开创了组合加速方法的先河，并由此引发祖冲之的"缀术"。文末以混沌学的倍周期分叉计算为例，说明这种技术在当今的非线性科学的研究中仍有重要价值。

关键词　割圆术　缀术　组合加速技术　倍周期分叉过程

分类号　65-03；01-02；01A25

公元3世纪，中国历史舞台上生气勃勃，群英荟萃。在这些"千古风流人物"之中，诸葛亮、曹操、周瑜以及华佗等人的名字，早已妇孺皆知，名垂青史；然而，人们对于这一时期的大数学家刘徽的事迹却知之甚少，数学史上关于刘徽"割圆术"的评价也有失公允。

本文的论述在于证明，刘徽的"割圆术"是数学思想史上的一株奇葩，是祖冲之"缀术"的原型；它是现代一系列外推加速方法的源头，也是当今正在兴起的数学实验科学中的一项基本技术。

一、数学史上一桩千年疑案

在数学史上，圆周率 π 这个奇妙的数字牵动着一代又一代数学家的心，不少人为之耗费了毕生的精力。而在这方面作出过突出贡献的，当首推古希腊的阿基米德。早在公元前3世纪，他用外切与内接96边形逼近圆周，得知

① 这篇论文发表于《数学的实践与认识》，1996，26(4)：315-321.

$$\frac{223}{71} < \pi < \frac{22}{7}$$

这样得出的值 $\pi = 3.14$ 是公元前最好的结果。

关于 π 求值问题，我国数学家也做过一系列极为出色的工作。魏晋数学家刘徽在公元 3 世纪运用所谓“割圆术”得出了相当精确的结果

$$\pi \approx 3.1416$$

继刘徽之后，我国南北朝数学家祖冲之（公元 5 世纪）对 π 求值问题进行更深入的研究，获得了准确到七位小数的近似值

$$3.1415926 < \pi < 3.1415927$$

此后一直到 15 世纪再没有出现过比这更好的结果。这项杰出的数学成就，在千年漫长岁月中一直处于世界领先地位。

祖冲之的 π 值究竟是怎样计算出来的呢？如果用正多边形逼近圆周，那么要获得如此精确的值相当于要计算到内接正 24576 边形。这项计算的艰巨性在当时是难以想象的。可以肯定，祖冲之在 π 求值过程中使用了某种“绝技”。据考证祖冲之的 π 求值算法载于他的《缀术》一书中，可惜该书久已失传，致使这一奇妙算法成了数学史上一桩千古疑案。

二、超越时代的光辉思想

祖冲之的“缀术”与刘徽的“割圆术”有关，这是人们的共识。为了破译“缀术”之谜，关键在于要对“割圆术”进行深入的剖析。

刘徽是中国数学史上一个非常伟大的数学家，他在《九章算术注》一书中所提出的“割圆术”，开创了中国数学发展中圆周率计算的新纪元[1]。刘徽的“割圆术”中包含有一系列超越时代的光辉思想。

1. 深邃的极限思想

刘徽从正六边形做起，先割到 12 边形，再割到 24 边形，如此令边数逐步倍增，计算出一系列圆内接正多边形的面积——所谓“觚之幂”

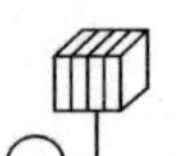

$$S(12),S(24),S(48),\cdots$$

他指出:"割之弥细,失之弥少。割之又割,以至于不可割,则与圆合体,而无所失矣。"这段话的含义是,内接多边形的边数 n 愈多,它的面积 $S(n)$ 与圆面积 S^* 愈接近,其误差 $S^*-S(n)$ 愈小;而当多边形的边数无限增多时,它的面积便与圆面积完全相合了。

刘徽早在 1700 多年之前就提出了极限观念,这是极其难能可贵的。

2. 高明的逼近方法

刘徽的"割圆术"不但定性地提出了极限观念,而且还精细地刻画了逼近过程。刘徽称多边形面积为"幂",而称偏差

$$\Delta_n=S(2n)-S(n)$$

为"差幂",并给出了下列双侧逼近公式[1]

$$S(2n)<S^*<S(2n)+\Delta_n \tag{1}$$

刘徽使用的这种方法,要比阿基米德用外切与内接多边形来双侧逼近圆周的方法"技高一筹",因为按式(1)不需要再考虑外切多边形,从而大大地节省了计算量。

3. 玄妙的加速技术

不仅如此,刘徽还进一步挖掘出潜藏在"差幂" $\Delta_n=S(2n)-S(n)$ 中的信息,他用"差幂" Δ_n 对所得出的数据 $S(n)$ 进行再加工,从而得出更为精确的结果。实际上,这一加速技术才是"割圆术"的精髓,而这一"绝技"竟长期被人们所忽视甚至被误解了。

再深入考察刘徽所实际使用的计算方法,他取圆半径 $r=10$ 寸,则圆面积 $S^*=100\pi$ 方寸,刘徽逐步求出[1]

$$S(12)=300\text{ 方寸},\quad S(24)=310\frac{364}{625}\text{ 方寸}$$

$$S(48)=313\frac{164}{625}\text{ 方寸},\quad S(96)=313\frac{584}{625}\text{ 方寸}$$

$$S(192)=314\frac{64}{625}\text{方寸}$$

及差幂

$$S(192)-S(96)=\frac{105}{625}\text{方寸}$$

刘徽利用这些很粗糙的数据进行精加工。他这样表述了加工过程："差幂六百二十五分寸之一百五。以十二觚之幂为率消息，当取此方寸之三十六，以增于一百九十二觚之幂以为圆幂，三百一十四寸二十五分寸之四。"他的这段话翻译成数学式子，就是

$$\begin{aligned}&S(192)+\frac{36}{105}[S(192)-S(96)]\\&=314\frac{64}{625}+\frac{36}{105}\times\frac{105}{625}\qquad(2)\\&=314\frac{4}{25}\end{aligned}$$

由此求得 $\pi\approx3.1416$。

刘徽还作了说明："当求一千五百三十六觚之一面，得三千七十二觚之幂，而裁其微分，数亦宜然，重其验耳。"这说明他确实计算过 $S(3072)$，只是目的在验证上述结果的正确性。

我们看到，刘徽这里仅利用直到 192 边形的几个粗糙的数据（阿基米德早就获知这些数据），竟加工出相当准确的结果。计算圆周率的这项成就是阿基米德所望尘莫及的。

三、"割圆术"、"缀术"与组合加速技术

利用相邻两个计算值 $S(n)$，$S(2n)$ 适当地进行组合，亦即进行加权平均：

$$\hat{S}(n)=S(2n)+\omega[S(2n)-S(n)]\qquad(3)$$

即令

$$\hat{S}_n=(1+\omega)S(2n)-\omega S(n)$$

从而获得更高精度的近似值 $\hat{S}(n)$，这种加速技术我们称为组合技术。

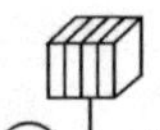

它是数值算法设计中的一种基本技术[2]。

刘徽使用的算式(2)清晰地表明，他的“割圆术”本质上就是一种组合技术。问题在于他运用加速技术的依据是什么?为此，需要澄清刘徽所说的“以十二觚之幂为率消息”这句话的确切含义，以及是如何据此定出组合系数 $\omega = 36/105$ 的。

我们再考察刘徽所获得的一系列“幂”值

$$S(12), S(24), S(48), \cdots$$

并体会他所说的“以十二觚之幂为率消息”这句话。其中的“率”字是“比率”的简称。关于“比率”的算法在《九章算术》中有深入的讨论，刘徽对此有深刻的理解。刘徽在“割圆术”中所说的“幂率”无疑是指相邻两个“差幂”的“比率”：

$$\Delta_n = \frac{S(2n) - S(n)}{S(4n) - S(2n)}$$

这种“幂率”具有什么特性呢？无需运用高深的数学工具进行理论分析，实际计算它们的值即可发现一个奇妙事实：如表 1 所示，这里“幂率” Δ_n 几乎等于定值 $\delta(\delta = 4)$。

表 1

n	$S(n)$	$S(2n) - S(n)$	δ_n	$\hat{S}(n)$
12	3.000 000 000		3.95	3.141 104 721
		0.105 828 541		
24	3.105 828 541		3.99	3.141 561 970
		0.026 800 072		
48	3.132 628 613		4.00	3.141 590 730
		0.006 721 588		
96	3.139 350 201		4.00	3.141 592 517
		0.001 681 737		
192	3.141 031 938			3.141 592 646
		0.000 420 531		
384	3.141 452 469			

基于后文所陈述的理由，当“幂率” $\delta = 4$ 时，我们取组合系数

$$\omega = \frac{1}{\delta - 1} = \frac{1}{3}$$

而考察形如式(3)的加速公式

$$\hat{S}(n) = S(2n) + \frac{1}{3}[S(2n) - S(n)] \tag{4}$$

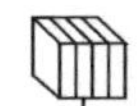

据此组合公式加工的结果列于表1的最末一列。令人惊异的是，这样得出的结果3.1415926竟与祖冲之的结论完全吻合。

上述组合技术的加速效果是神奇的，它竟将 $S(12),S(24),S(48),\cdots,S(384)$ 这些粗糙值加工成相当于 $S(24576)$ 的精确值，而耗费的计算量几乎可以忽略不计(仅仅做了几次四则运算，即使手算也容易完成)，实际计算工效提高了上千倍。

我们认为，刘徽的"割圆术"本质上正是这种组合技术。但他未能获得表1的精确结果，究其原因有二：一是他所提供的原始数据 $S(n)$ 本身精度不够；其次是他所确定的加速因子 ω 的值稍有偏差。刘徽所说的"以十二觚之幂为率消息"，意即用

$$\Delta_{12}=\frac{S(24)-S(12)}{S(48)-S(24)}$$

$$=\frac{310\dfrac{364}{625}-300}{313\dfrac{164}{625}-310\dfrac{364}{625}}=\frac{6614}{1675}=3.95$$

充当"差幂" δ，这样定出的组合系数 $\bar{\omega}=\dfrac{1}{\delta-1}=\dfrac{1}{2.95}$ 比实际值 $\omega=\dfrac{1}{3}$ 略大一点。刘徽"取此分寸之三十六"即取 $\bar{\omega}=\dfrac{36}{105}$ 而不是取 $\omega=\dfrac{1}{3}=\dfrac{35}{105}$ 就是这个缘故。

刘徽"割圆术"的设计思想极为精辟，只是由于他的计算不够精确，从而把一项更为精确的结果留给了200年后的祖冲之。

通过以上分析可以断言，祖冲之的"缀术"渊源于刘徽的"割圆术"。其实《缀术》一书虽已失传，但书名却留给后人一个重要的信息，"缀"字的含义是"组合"，因而"缀术"自然就是组合技术。

四、组合技术的思路

上述组合加速技术通常称为**外推加速技术**，这种设计技术对提高

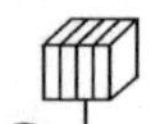

现代算法的效率起着重要作用。

我们知道,外推加速技术建立在误差分析的基础上[3],按传统的思路,要构造形如式(3)的加速公式,必须首先建立某种余项展开式。这类余项展开式的建立通常是困难的,往往需要高深的数学工具并导致冗长繁杂的公式推演[4]。

在1700多年前的魏晋时代,刘徽自然不可能采用这类数学演绎方法。如前所述,"割圆术"只可能是在数据处理的过程中总结归纳出来的。

这里所说的组合加速技术可表述为如下命题:

命题 设给某个数列$\{\lambda_k\}$,假定它单调地(递增或递减)收敛到某个极限值λ_∞,并且其偏差比

$$\Delta_k = \frac{\lambda_k - \lambda_{k-1}}{\lambda_{k+1} - \lambda_k}$$

近似地等于某个大于1的常数δ,则有加速公式

$$\hat{\lambda}_k = \lambda_k + \frac{1}{\delta - 1}(\lambda_k - \lambda_{k-1}) \tag{5}$$

我们现在阐述这一命题的可信性。事实上,将偏差关系式

$$\lambda_k - \lambda_{k-1} \approx \delta(\lambda_{k+1} - \lambda_k)$$

从k到$k+p$(p为任意正整数)求和,知

$$\lambda_{k+p} - \lambda_{k-1} \approx \delta(\lambda_{k+p+1} - \lambda_k)$$

注意到数列$\{\lambda_k\}$收敛到λ_∞,由此推知

$$\lambda_\infty - \lambda_{k-1} \approx \delta(\lambda_\infty - \lambda_k)$$

故有

$$\lambda_\infty \approx \lambda_k + \frac{1}{\delta - 1}(\lambda_k - \lambda_{k-1})$$

因此,将式(5)取$\hat{\lambda}_k$为改进值是合理的。

特别地,当$\delta = 4$时式(5)为前述加速公式(4)。

上述论证过程显然是不够严格的,它只是表述了组合加速技术的设计思想。据此思路可形成数学上的直觉,从而为建立更严密的数学理论作铺垫。

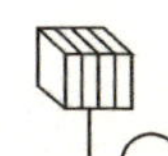

五、倍周期分叉计算的加速

刘徽说过:"事类相推，各有攸归，故枝条虽分而同本干者，知发其一端而已。"他还说:"触类而长之，则虽幽遐诡伏，靡所不入。"这就是说，一门学科就像树干上长出许多枝条一样，应当有着共通的基本原理；而掌握了基本原理，就可以举一反三，触类旁通。

前述组合加速技术可广泛应用于各种数学实验。下面以混沌学中倍周期分叉计算为例说明这种技术的现实意义。

我们知道，"混沌"的原意是极端的混乱与无序，乱七八糟。

那么，在一片"混乱"的混沌中是否潜藏着某种秩序呢？美国学者 M. J. Feigenbaum 经过艰苦的探索，发现任何混沌现象都具有相同的"趋向速度"——Feigenbaum 常数。

考察一个简单的迭代过程

$$x_{n+1}=\lambda x_n(1-x_n)$$

实际计算发现，当 $\lambda>3$ 时会发生一系列异常现象，即存在关于 λ 的某个数列 $\{\lambda_k\}$，当 $\lambda_1<\lambda<\lambda_2$ 时迭代终值在两个点 ξ_1，ξ_2 之间跳动，这两个点称为 2 周期点。又当 $\lambda_2<\lambda<\lambda_3$ 时迭代终值在 4 个点之间跳动，称之为 4 周期点，等等。这一过程通常称作**倍周期分叉**过程（如图 1 所示）。

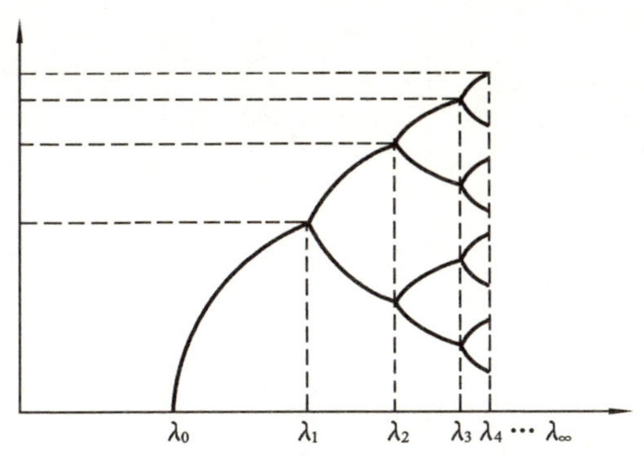

图 1

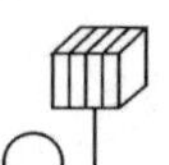

一般地，当 $\lambda_{k-1} < \lambda \leqslant \lambda_k$ 时迭代终值为 2^{k-1} 周期点 ξ_1，ξ_2，…，$\xi_{2^{k-1}}$，它们满足下列关系式

$$\begin{cases} \xi_{i+1}^{k-1} = \xi_i^{k-1}(1-\xi_i^{k-1}), \quad i = 1,2,\cdots,2^{k-1} \\ \lambda_k^{2^{k-1}} \prod_{i=1}^{2^{k-1}} (1-2\xi_i^{k-1}) = -1 \end{cases} \tag{6}$$

这是一个含有 $2^{k-1}+1$ 个变元 λ_k，ξ_1，ξ_2，…，$\xi_{2^{k-1}}$ 的非线性方程组，当 k 增大时求解方程组(6)的计算量急剧增大。Feigenbaum 用当时最先进的计算机，经过艰苦的计算获得一系列 λ_k 值。表 2 列出了一些 λ_k 的值，它们明显地收敛到某个定值 λ_∞。当 λ 达到 λ_∞ 后周期性消失，混沌便出现了。

下面运用刘徽“割圆术”的处理方法考察倍周期分叉计算。为此计算偏差 $\lambda_k-\lambda_{k-1}$ 及偏差比

$$\Delta_k = \frac{\lambda_k-\lambda_{k-1}}{\lambda_{k+1}-\lambda_k}$$

这些值列于表 2 中。通过计算可以发现，同前面圆周率的计算类似，这里偏差比 Δ_k 也趋向于某个定值 δ。实际上，这个值

$$\delta = 4.6692\cdots$$

就是著名的 Feigenbaum 常数。

表 2

k	λ_k	$\lambda_k-\lambda_{k-1}$	δ_k
1	3.000 000 000 0		
		0.449 489 742 8	
2	3.449 489 742 8		4.751 4
		0.094 600 607 8	
3	3.544 090 350 6		4.656 2
		0.020 316 915 5	
4	3.564 407 266 1		4.668 2
		0.004 352 155 3	
5	3.568 759 419 6		4.668 7
		0.000 932 190 2	
6	3.569 691 609 8		4.669 1
		0.000 199 649 4	
7	3.569 891 259 4		4.669 2
		0.000 042 759 0	
8	3.569 934 018 4		

考虑到当 k 增大时 λ_k 的计算量急剧增大，为节省计算量，我们运用前述组合加速技术，设依表 2 取 $\delta = 4.6692$，则加速公式的具体形式为

$$\hat{\lambda}_k = \lambda_k + \frac{1}{3.6692}(\lambda_k - \lambda_{k-1})$$

加速结果列于表 3 中，令人惊叹的是，这里仅用了前面 8 个 λ_k 的值，而得出的改进值 $\lambda = 3.569945671$ 与实际准确值 $\lambda_{\infty} = 3.569945672\cdots$ 竟是高度吻合的。

表 3

k	λ_k	$\hat{\lambda}_k$
1	3.000 000 000 0	
		3.571 993 214
2	3.449 489 742 8	
		3.569 872 702
3	3.544 090 350 6	
		3.569 944 417
4	3.564 407 266 1	
		3.569 945 550
5	3.568 759 419 6	
		3.569 945 667
6	3.569 691 609 8	
		3.569 945 671
7	3.569 891 259 4	
		3.569 945 671
8	3.569 934 018 4	

致谢 谨以此文献给我的导师谷超豪教授，衷心感谢他多年的培养、教育和关怀。

参考文献

[1] 钱宝琮. 中国数学史[M]. 北京：科学出版社，1992：65-69.

[2] 王能超. 数值算法设计[M]. 武汉：华中理工大学出版社，1988：59-61.

[3] 邓建中. 外推法及其应用[M]. 上海：上海科学技术出版社，1984.

[4] 黄文奇. 提高预卜精度的一个方法[J]. 华中工学院学报，1974(1)：92-99.

[5] 黄友谦. 数值实验[M]. 北京：高等教育出版社，1989：511-518.

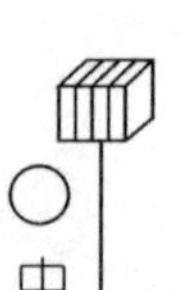

千古绝技"割圆术"(续)①

王能超
(华中理工大学 并行计算研究所 430074)

摘　要　本文是文[1]的续篇,进一步阐述"割圆术"的思维模式对现代演化数学研究的启迪意义。全文的结论是,无论是数学成就还是数学才能,刘徽都应当与"古代数学之神"阿基米德并列。

关键词　阴阳观　二分模式　演化数学

分类号　65-03；01-02；01A25

一、刘徽的阴阳观

刘徽将自己从事数学研究的宗旨概述为:"观阴阳之割裂,总算术之根源。"他在《九章算术注》的自序中说:

"徽幼习《九章》,长再详览。观阴阳之割裂,总算术之根源。探赜之暇,遂悟其意,是以敢竭顽鲁,采其所见,为之作注。"

"算术"一词,古今的含义有所不同。我国古代统称数学为"算术"。"算"字的古体为"筭",上面的"竹"字头暗示竹制的计算工具算筹,下面加一"弄"字,表示摆弄算筹进行计算。"术"作"技术、方法、手段"解。因此,狭义地讲,"算术"是指计算技术,亦即算法设计技术。以《九章算术》为代表的中国古代数学的理论体系,注重计算技术,突出算法设计,其基本特色是强调实际计算。

刘徽认为,具体算法虽然各式各样,但它们彼此是相互关联的。数学就像一株"枝条虽分"但"同本干"的参天大树,"发其一端"。他说:

① 这篇论文发表于《数学的实践与认识》,1997,27(3):275-280.

“事类相推，各有攸归，故枝条虽分而同本干者，知发其一端而已。”

正是基于这一认识，刘徽把“总算术之根源”作为数学研究的最高任务，他“详览”《九章》，“采其所见”，“悟其意”，为之作注，最终完善了《九章算术》的理论体系，从而为中国古代数学奠定了基石。

刘徽在“总算术之根源”，创建数学的理论体系时，立足于易学的阴阳学说。《九章算术注》开篇就从《周易·系辞》中摘引了一段文字：

“昔在伏羲氏始画八卦，以通神明之德，以类万物之情，……”

阴阳八卦的易学认为，事物都是一分为二的。“一阴一阳之谓道。”而事物的阴阳两种成分既是对立的，又是统一的，“阴阳合德，万物化生”。刘徽自述“观阴阳之割裂”，就是强调用对立统一的辩证观点进行数学探索，考察数学问题内部阴阳双方的“分”（一分为二）与“合”（合二为一）的变化发展过程。数学研究中充满了易学的阴阳观，是刘徽《九章算术注》的一大特色。这个特色在“割圆术”中也有充分的反映。

二、优劣互补原理

下面进一步剖析“割圆术”的加速方法。

我们看到，通过割圆计算获得了一系列内接正多边形的面积值$\{S_n\}$。刘徽指出，当边数 n 无限增加时，这个序列单调递增地收敛到圆面积 S。

考察相邻的两个近似值 S_n 与 S_{2n}，数列的单调收敛性表明它们有优劣之分：S_{2n} 是个精度稍高的“优值”，相比之下，S_n 是个精度较差的“劣值”，刘徽将它们二者“杂交”得出一个新的改进值$\hat{S}_n$。加速公式[1]

$$\hat{S}_n = \frac{4}{3}S_{2n} - \frac{1}{3}S_n \tag{1}$$

的含义是，为此需取 S_{2n} 的加权系数$\frac{4}{3} > 1$ 而发扬“优值”的优势，同

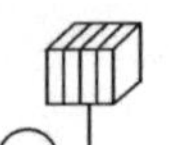

时取 S_n 的加权系数 $-\frac{1}{3}<0$ 而抑制“劣值”的负面效应。前已看到，这种“激浊扬清”、优劣互补的做法能收到奇妙的效果。

“优值”与“劣值”是一对阴阳，公式(1)则是“阴阳合德”的表现。可见刘徽所设计的加速方法是“观阴阳之割裂”取得的成果。

三、出入相补原理

再回顾文[1]的割圆过程。割圆计算的基础是勾股定理。勾股定理的重要性是众所周知的，它是向量空间的长度、函数空间的范数等重要数学概念的原型。传说古希腊的毕达哥拉斯学派发现勾股定理以后，欣喜若狂，宰杀了一百头牛设宴庆贺。

勾股定理是中国古代数学辉煌成就之一。它在《九章算术》中也占有突出地位。《九章算术》起始于“方田章”而终结于“勾股章”，这一安排也暗示勾股术属上乘精深的技术。

《九章算术》关于“勾股术”的术文是：

“勾股术曰:勾股各自乘，并而开方除之，即弦。”

这里“勾”、“股”指直角三角形的两条直角边，“弦”是斜边。勾股术表明：直角三角形两直角边的平方和等于斜边的平方。

如何论证这一事实呢？刘徽给出了一种巧妙的证法——**出入相补法**。他在《九章算术注》中指出：

“勾自乘为朱方，股自乘为青方，令出入相补，各从其类，因就其余不移动也，合成弦方之幂。”

这段话的含义是，以勾与股的边作正方形，分别涂上红黑二色。那么，勾与股的平方(简称勾方与股方)分别等于上述两个正方形的面积。将这两块之和与以弦为边的正方形相比较，令共同的部分不动，然后“以盈补虚”,“出入相补”，即知它们彼此相等。因而勾股术正确。

不言而喻，这里“盈”、“虚”、“出”、“入”都是阴阳观念。

刘徽提倡“推理以辞，解体用图”，他既强调逻辑演绎，又重视几何直观，追求“数”与“形”的辩证统一。可惜《九章算术注》的附图早已散失。图 1 是后人据辞意恢复出的**出入相补图**。

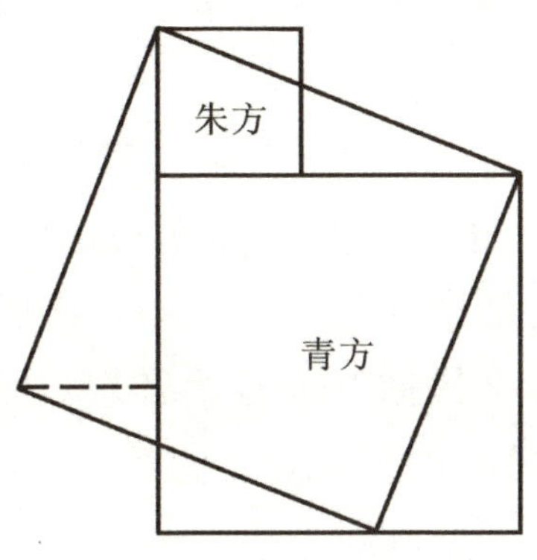

图 1

这就给出了勾股定理一个简洁明快而极富智慧性的巧妙证法。

这一原理方法简练，思路清晰，但寓意深邃，因而历来受到人们的推崇与青睐。华罗庚先生曾建议，为与宇宙智慧生命“外星人”沟通交流信息，可以将“出入相补图”发射到太空中去。“外星人”通过这张图就可以想象出地球人具有高度的智慧与发达的文明了。

四、演化的二分模式

人们在评述“割圆术”时，往往注重其无穷小分割的极限思想。诚然，早于牛顿、莱布尼茨 1500 多年刘徽就提出了极限概念，这是数学史上极其光辉的一页。然而极限值 π 是可想而不可得的。“割之又割，以至于不可割”实际上同时强调了分割过程的无限性。“割圆术”中还蕴含有无限分割的演化思想。

刘徽从“周三者，从其六觚之环耳”，即“径一周三”相当于用正六边形近似圆周这个基点出发，将圆依次割成正 12 边形、正 24 边形、正 48 边形等等。每割一次，令正多边形的边数增加一倍，即利用正 n 边

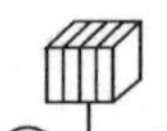

形计算正 $2n$ 边形。由此可见，割圆过程是个圆内接正多边形形态不断演化的过程。

设将所给正 n 边形 G_n 划分为以圆心为顶点的 n 个子块，这些子块都是全等的等腰三角形(两腰为圆半径)。我们称每一子块为所给正 n 边形的一个**单元** 。

割圆过程的关键是从 G_n 的一个单元演化生成 G_{2n} 的单元。

图 2 考察 G_n 的一个单元 OAB。依对应的圆弧(或圆心角)将它割成两半,得两个直角三角形 OAG 与 OBG，它们分别是扇形 OAC 与 OBC 的近似，运用"以直代曲" 的逼近思想，可以用三角形 OAC 与 OBC 作为这两个扇形更好的近似，它们都是 G_{2n} 的单元。

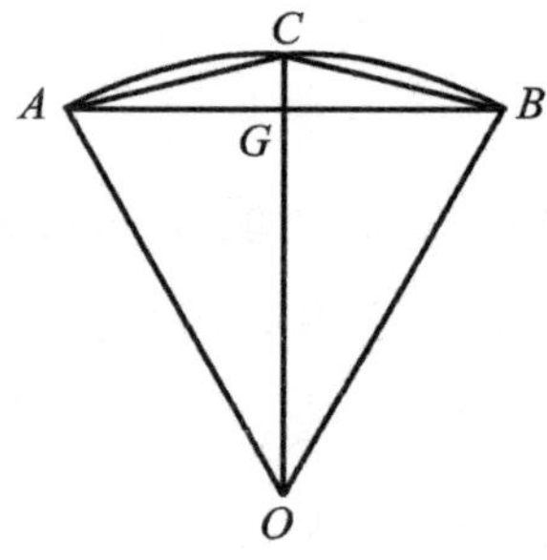

图 2

这一加工手续是个"一分一合"的"阴阳割裂"过程：先将 G_n 的单元 OAB"一分为二"，对应得出图 2 左右两个扇形 OAC 与 OBC。它们可视为一对阴阳；然后"以直代曲"，注意到所生成的两个三角形 OAC 与 OBC 全等，从而可"合二为一"，任取其一作为 G_{2n} 的单元。单元演变的这一手续如图 3 所示。

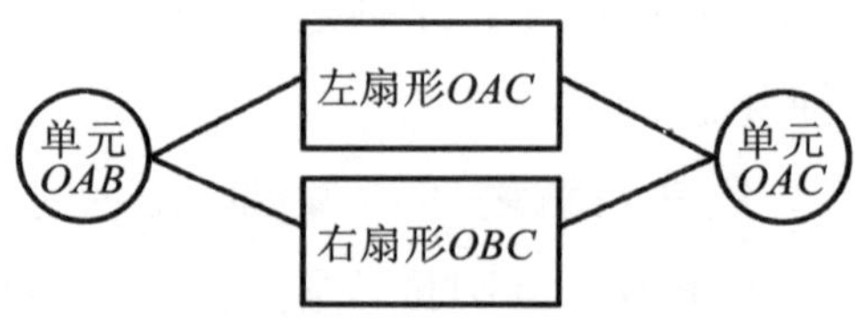

图 3

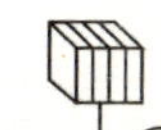

刘徽特别强调“割之又割”，重复施行这种割圆手续，从 G_6 出发，依次割出 G_{12}，G_{24}，G_{48}，… 。割圆术的这一无限分割过程从属于图 4 所示演化模式。

图 4 中左右两侧的○分别表示 G_n 与 G_{2n}，▨▭表示“阴阳割裂”，其具体含义如图 3 所示。

图 4 所示的演化方式称作**二分演化模式**。

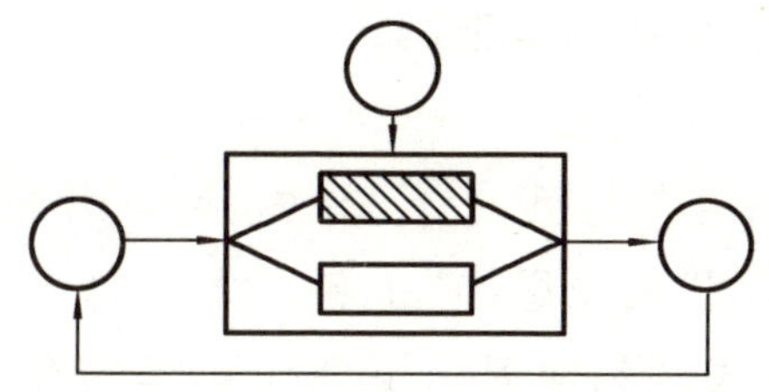

图 4

二分演化的图 4 亦可用以刻画割圆术的加速过程。为此只要将左右两侧的符号○分别理解为逼近值 $S(2n)$ 与加速值 $\hat{S}(2n)$，这时阴阳符号▨ ▭用以区分优值 $S(2n)$ 与劣值 $S(n)$ 。

《周易·系辞》精辟地指出：“一阖一辟谓之变，往来不穷谓之通。”一辟一阖就是一分一合的意思，而“往来不穷”意指演化过程的无限性。这句话概括出事物演化方式就是图 4 所示的**二分模式**。

状态演化的二分模式，其每个进程含有阴阳的“分裂”(辟)与“合成”(阖)两个环节，即先从旧状态中分裂出阴阳两种成分，然后再将这两种成分重新合成为新的状态。这种始于“分”而终于“合”的每个进程，使事物从一种状态演变成一种新的状态。重复这个过程，即可演化出事物的一系列状态。

二分过程是个循环往复的演化过程。其中每个状态既是某个进程的始态，又是上一个进程的终态，“始则终，终则始”。

刘徽设计的割圆过程正是这样一个无限的演化过程，它将简单的圆内接正六边形逐步演化成一系列边数越来越多的圆内接正多边形，从而越来越逼近所给的圆周。

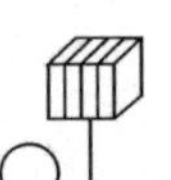

五、为“演化数学”呐喊

一谈起阴阳八卦,人们往往会瞠目结舌:算命先生搞的那一套,难道能运用于科学研究?其实,同一事物,不同的人有不同的看法,在不同的人眼里有不同的意义。仁者见仁,智者见智。同一本《周易》,术士从中看到了算命术,哲学家从中看到了辩证法,刘徽从中看到了“割圆术”,莱布尼茨从中看到了二进制……

我们从中看到了什么呢?

我们在《中国科学》上撰文[2],并由科学出版社出版了一本专著[3],其目的是为所谓“太极思维”正名。太极思维是《周易》蕴含的思维方式,这种思维方式深刻地揭示了现代数学的演化机理。我们将这种演化机理具体化,提出了一种称之为“二分模式”的演化模式(参看图4)。

我们基于“太极思维”的“二分模式”进一步提出了“演化数学”的观念。

演化数学的提出受启于中国古代贤哲的数学思想和数学技术,特别是刘徽的阴阳观和割圆术,因此它是地地道道土生土长的。它具有中国传统数学的内涵。

演化数学拥有丰富的现代化的内容。它与现代计算机——包括千百亿次的超级计算机,在结构设计、算法设计方面是紧密耦合的。演化数学的二分模式普遍适用于数值计算、数据处理的众多领域。

演化数学追求现代数学的大统一。希望它能容纳小波、分形、混沌等众多数学分支,归纳出这些数学分支的共性——共同的思维特征与统一的研究方法。

我们将撰写专著展示“演化数学”的风采,并为之呐喊!

六、结语

吴文俊先生指出:

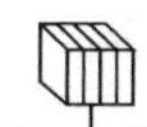

“《九章算术》与《几何原本》，东西辉映，是现代数学的两大源泉。”

让我们越过2000多年的历史跨度，考察一下东西方两大数学体系的源头。

古希腊欧几里得《几何原本》是最早形成的演绎体系。这个体系从少数几个定义和公理出发，按一定的逻辑规则推演出一系列命题。这种公理化体系追求逻辑上的严密性、完备性和封闭性。

与此截然不同，我国最古老的数学经典《九章算术》所阐述的是一个密切联系实际的开放性的归纳体系。中国古代数学注重实际计算，强调算法的设计。运用算筹的计算过程是一个机械化的过程。这些特点与现代数学的研究方法其实是相通的。在这种意义下，现代数学可以看作是中国古代数学的回归。

在中国古代数学史中，刘徽所起的作用是无与伦比的。《九章算术》一书，正是从他注释以后才成为定本。这本中国古代算经能够流传于世而没有遭到失散的命运，首先要归功于刘徽。

《九章算术》原本缺乏理论上的阐述。刘徽在为之作注的同时补充了数学的推导与证明。正是刘徽的《九章算术注》创立了中国古代数学的理论体系。

刘徽还把《九章算术》的数学成就推向新的高度。其中尤为突出的是，他的“割圆术”开创了精确计算圆周率的新纪元。

圆周率的精确度可以作为各个时代数学才能的量度，作为各个国家、各个民族数学水平的标志，并且从一个侧面反映出各个地区生产力的发展水平。圆周率的计算历来为数学家们所重视，从古至今孜孜不倦地探索了2000多年。我国南北朝的祖冲之提出的圆周率，千年称雄于世界，这是中华民族的骄傲。

计算圆周率的伟大功绩首先应当归功于刘徽。刘徽的“割圆术”是数学史上的一株奇葩，它是祖冲之“缀术”的原型。割圆术的伟大成就，表明刘徽的数学才能更高于被尊为“古代数学之神”的阿基米

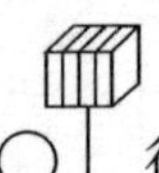

德。

古希腊和中国古代各有一位“古代数学之神”，他们东西辉映，各现异彩。人们在赞颂阿基米德的同时，不应该忘记我们的先祖刘徽。

致谢　谨以此文献给我的导师谷超豪、胡和生教授，衷心感谢他们多年的培养、教育和关怀。

参考文献

[1] 王能超.千古绝技“割圆术”[J].数学的实践与认识,1996,26(4):315-321.

[2] 王能超.同步并行算法设计的二分技术[J].中国科学(A辑),1995,25(2):207-211.

[3] 王能超.同步并行算法设计[M].北京:科学出版社，1996.

第四卷
测高望远重差术

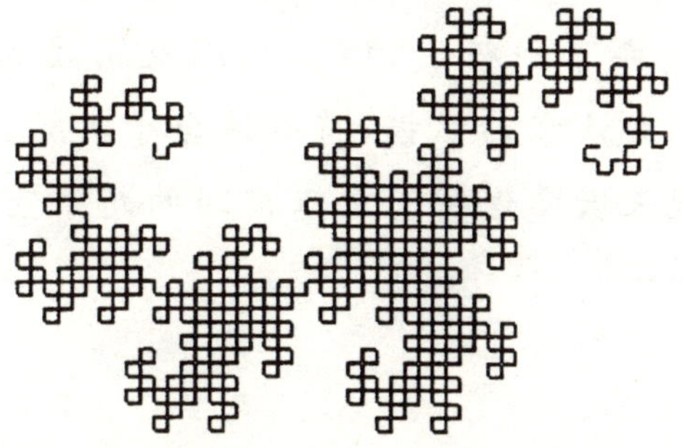

（本插图是分形几何中著名的“龙曲线”）

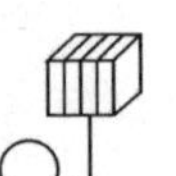

"神龙"赞

美国数学家克莱因(M. Kline,1908—1992)的《古今数学思想》被誉为"古今最好的一本数学史著作"。克莱因在这本数学史的末尾对欧几里得的公理化方法进行了严肃的批判。他在后继的一部著作《数学:确定性的丧失》中,更进一步尖锐地指出:

"什么叫严格?对此本来就没有严格的定义。"

"数学家被'鬼才'欧几里得误导了。"

出路在哪里?克莱因开出了两剂"药方":一是加强直觉,二是注重实践。

其实,在几何学发展史上,始终有东西方截然相反的两条路线,东方的"刘徽勾股"摈弃了平行线的纠缠,以及角度测量一类的烦琐手续,原理容易理解,方法容易掌握,特别适合于实际应用。

刘徽勾股为未来数学保留了无限广阔的想象空间,像一条神龙漫游在数学蓝天里……

前　　言

在广袤的数学原野上，有一片神秘莫测的学术领域——重差术。一千多年来，重差术吸引了中外许多数学家的浓厚兴趣，他们进行了多方探索与论证，然而，吴文俊先生一针见血地提出，所有各家的论证，除个别人另作别论外，几乎所有人的论证都是错误的。

问题的症结在于，中华数学与西方数学从属于两条迥然互异的学术路线。西方数学两千多年来一直为欧氏几何所垄断，这是人们熟知的事实；而中华几何学立足于勾股定理，从而避免了平行线的纠缠，摈弃了角度测量一类烦琐手续，其原理简单，方法实用，这个体系通常被称为刘徽勾股。

重差术与割圆术是刘徽勾股的双翼。刘徽勾股是中华数学的瑰宝。前已介绍过刘徽的割圆术，其中潜藏有刘徽加速技术，这一技术弥补了微积分方法的缺陷与不足，是中华数学史上一颗璀璨的明珠。

然而重差术虽然被刘徽推崇为数学根基，试图纳入数学宝典《九章算术》，作为它的第十章，但这一设想始终未能如愿，时至今日，刘徽的重差术仍被埋没在历史的尘埃中，不能为世人赏识与应用，这是什么缘故呢？

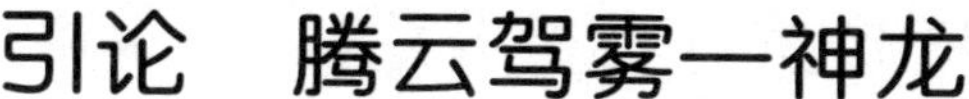

引论 腾云驾雾一神龙

0.1 千古谜案重差术

有人这样评价诗的神韵:“诗如神龙,见其首不见其尾,或云中露一爪一鳞而已。”这样的诗作给人以神秘莫测、玄之又玄的感觉,因此有“神龙见首不见尾”这个成语。

有些数学瑰宝立意高深,超出人们想象力的极限,加之资料缺失,长期不能被人们所理解,甚至被历史的烟尘所湮没。刘徽的重差术就是这样一个典型案例。

据考证,早在三四千年以前,中华先贤就发现了勾股原理。中国最古老的一本算书《周髀算经》上卷记录周公与商高的谈话,周公就勾股计算讨教大学者商高,给后世留下了“勾三股四弦五”一说。《周髀算经》下卷记录了陈子与荣方的谈话,并介绍陈子用勾股测量计算太阳高度的方法,世人称“陈子测日”方法为“重差术”。

魏晋数学家刘徽在为《九章算术》作注时,创立了中华数学的理论体系,并将中华数学往前推进了一大步。为探究古人的本意,刘徽撰写了“重差”章置于《九章算术注》第九章“勾股”章之后,作为它的第十章,并在《九章算术注》原序中深刻揭示了重差理论的哲理与内涵。为阐明重差术的应用,刘徽又撰写了若干道算例,并附有术文、注释和附图,这样,一个完整的重差学说被置于《九章算术注》之中。

然而,由于重差理论立意高深,难以为人们所理解,大概是在隋唐时期,某些大学者硬性将刘徽的“重差”章从《九章算术注》中剥离出

来,单独成册发行,从此,重差理论的"理"存于《九章算术注》原序中,而其"术"则单独成书,取名《海岛算经》(请参看篇末附录)。就这样"理"和"术"被强行拆开,理论体系被人为肢解了。

重差理论更名为"海岛算经",更是造成了这样的错觉:重差术仅仅是一种测量方法。诚然,重差术发端于勾股测量,但它却是一类普适性的数学方法,它还广泛应用于逼近加速、数表加密等众多领域,对此我们将另文阐述。

人们都知道刘徽的割圆术精妙绝伦,可以想象,他所竭力推荐的重差术也是极为深刻精妙的,可惜刘徽重差术的注释连同附图已失传千年,致使这一精妙算法成了中国古代数学史上又一千古谜案。

直到13世纪,南宋大数学家杨辉在详解《九章算术》时,感叹"海岛算法,隐奥莫得其秘",他补充给出了海岛公式的证明,为重差术的传承作出了贡献,但未能真正破解重差之谜。

16世纪末,意大利人利玛窦来华传教,与明末大学士徐光启合译欧几里得的《几何原本》。徐光启用欧氏几何理解重差术,其效果是完全抹杀了中国古代算学。

吴文俊先生严肃指出:明朝末年一些士大夫对西方文化竞相吹捧,崇外之风孪生,数典忘祖。从此我国古代数学一蹶不振,重差理论几成绝学。

就这样,刘徽重差学说这条神龙已几乎消失在漫漫的天际里……

0.2 "海岛九问"探重差

正如前文所指出的,后人强行肢解了刘徽的重差学说,重差理论的内涵仍保留在《九章算术注》(简称《九章注》)原序中,而将重差术应用的九道算题单独成册,取名《海岛算经》。迄今《海岛算经》的释文与附图已散失殆尽,仅剩俗称“海岛九问”的九道几何应用题。

刘徽在《九章算术注》原序末尾强调了重建重差学说的“初心”和本意。他说:

“辄造重差,并为注解,以究古人之意,缀于句股之下。”①

这番话说明,刘徽的重差术是古人即陈子应用勾股原理进行观天测地这一伟大创举的延伸和发展。

可见,刘徽设置“海岛九问”,其目的在于“辄造重差”,即总结提炼出重差学说,验证学说的合理性、正确性与应用广泛性。因此,“海岛九问”不应视作一般的几何应用题,它们是“寓理于算”的逻辑推理题。也就是说,“海岛九问”的解题过程必须用重差学说来指导。

这样,问题聚焦到一点:究竟什么是“重差”?

请仔细斟酌《九章算术注》原序中的一段文字:

“凡望极高、测绝深而兼知其远者必用重差,句股则必以重差为率,故曰重差。”②

这番话有三个层次:

(1) 重差术是个同时测极高(绝深)而兼求其远的普适性算法。

(2) 重差术基于两次勾股测量系统。

(3) 重差术的核心是给定重差率,故其算法技术称重差术。

0.3 重差术与割圆术相得益彰

前已指出,重差术不仅是一种测高望远的测量技术,而且是一种基础性的数学理念。

本书第 3 卷介绍了刘徽的割圆术。割圆术的一个亮点是,它分析偏差比给出了一种逼近加速技术。有趣的是,割圆术所关注的偏差比

①② 引文中的“句股”同“勾股”.

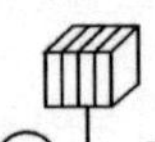

其实是重差，运用本卷 2.3.2 小节设定的记号，有

$$\Delta=\frac{S_{2n+2}-S_{2n}}{S_{2n+4}-S_{2n+2}}=\frac{S_{2n}-S_{2n+2}}{S_{2n+2}-S_{2n+4}}$$

$$=\langle S_{2n},S_{2n+2},S_{2n+4}\rangle$$

我们知道，刘徽加速的关键在于逼近序列的偏差比即重差比是个定数，这一事实彰显了重差率的重要意义。

我们猜想，重差率可能是收敛的逼近序列内在的一个数学常数。

上篇 观天测地的上古记忆

第1章 陈子测日系统

夫道术，言约而用博者，智类之明。问一类而以万事达者，谓之知道。

——陈子 《周髀算经》

《周髀算经》是流传至今的我国最早的一部天算著作。据考证，大约从东汉末期开始，人们已将这本书视为盖天说的理论著作。盖天说是我国古代的一种宇宙学说。这种学说形象地认为**"天象盖笠，地法覆盆"**，就是说，"天"，像是一个戴在头上的伞形雨帽；"地"，像一只翻转过来的盆子。可见，《周髀算经》是一部名副其实的"天书"。

为了成就观天测地这桩伟大事业，《周髀算经》一书进行了三个方面的探索：

其一，把关于"术"的研究作为中华数学的主攻方向。什么是"术"？陈子的"智类之明"的算法之道为中华数学"术"的研究奠定了扎实的思想基础。

其二，深入探究矩尺的勾股原理。矩尺是两边垂直的曲尺，曲尺两边都标有刻度，分别称为勾和股。陈子紧扣勾股形的相似关系，推导出勾股定理，从而为勾股测量奠定了雄厚的理论基础。

其三，总结归纳使用两个标杆或矩尺进行勾股测量和重差计算的操作程序。操作过程分三步：使用标杆建立一套观测系统；依据这一系统建立相应的数学模型；求解这一数学模型计算出所求结果。

陈子的重差术为算法设计学树立了典范。

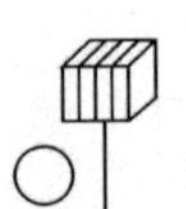

1.1 “智类之明”大智慧

《周髀算经》简称《周髀》,是我国现存的最古老的一本数学经典。据考证,它的成书大概在公元前1世纪。不过书中某些内容可能在成书之前早已出现。

《周髀算经》著述采取一问一答对话的形式。该书前一部分假托商高与周公的谈话,阐述了勾股原理与“用矩之道”。该书的后一部分假托陈子与荣方的谈话,传授算法的学习方法,提出“智类之明”这一治学之道。

荣方问陈子:太阳有多高?太阳的直径是多大?这些天文知识都能算出来吗?这些算法人们能学会吗?

陈子回答:凭你所学过的数学知识就能进行这类计算,只是在计算过程中需要进行认真的思考。

陈子解释说,考虑问题一定要深思熟虑。治学既要学习一些知识,更要领悟知识的精髓,做到融会贯通。

陈子教导后辈要有“智类之明”,弄懂一类事理后,要触类旁通,要能推知其他有关事理,要“问一类而以万事达”。

这种“问一知万”、“一通百通”的学习方法是治学的大智慧。这也是破解千古之谜“重差术”的金钥匙。

如何运用陈子“智类之明”的大智慧将“陈子测日”的勾股原理和测量方法发扬光大,加工锤炼成为一种内涵深邃、应用广泛的数学法术呢?

1.2 勾股原理传家宝

勾股定理被誉为数学第一大定理。它在数学的数与形两大领域之间架起了一座金桥，它是许多数学分支中一枚名副其实的“定海神针”，它是古代数学辉煌成就的一座纪念碑。

早在公元前 5 世纪，古希腊的毕达哥拉斯学派发现了勾股定理，他们欣喜若狂，宰杀了一百头牛作为祭品，感谢神明赐予他们这个数学瑰宝。西方人称这个定理为毕达哥拉斯定理。

其实，中国人发现勾股定理远比古希腊人早得多。《周髀算经》中记载，在公元前 11 世纪，商高就深刻地阐明了勾股定理。

中华文化崇尚简朴，擅长用一些典型的特例揭示事物的本质。商高的“勾三股四弦五”说，是用简单数字 1，2，3，4，5 组合而成的数学式子，即

$$3^2+4^2=5^2$$

亦即

$$\left(\frac{3}{5}\right)^2+\left(\frac{4}{5}\right)^2=1$$

显示了勾股定理的数学美。

商高对周公说：“故折矩，以为勾广三，股修四，径隅五。”即，将一个两边标有尺度的曲尺，取勾为 3，股为 4，令弦为 5 即可生成矩尺，即生成勾股形。这就为勾股的制作提供了一种现实可行的简易方法。

“商高答周公问”接着一番话更加意味深长：“既方之，外半其一矩，环而共盘。”这番话是说，用矩形之半的勾股形，围成一个方形盘子(见图 1)，这个盘子所显示出的数理关系就是勾股定理。

事实上，据图 1 可知

外方形面积＝4 个勾股形面积＋内方形面积

即

$$c^2=4\times\frac{1}{2}ab+(b-a)^2$$

这就证明了勾股定理。因此，有些学者建议称这个定理为“商高定

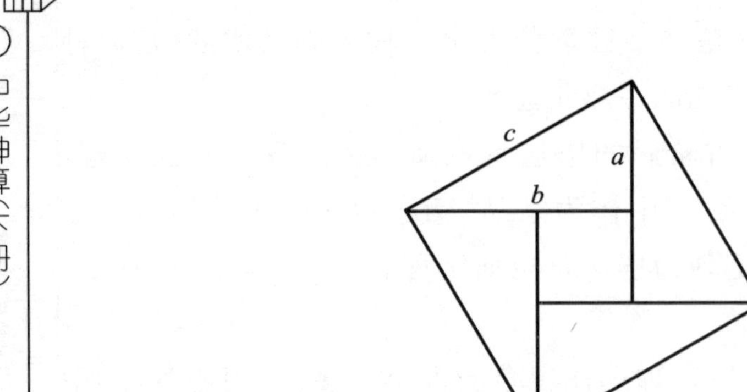

图 1　中国古代关于勾股定理的几何证明

理”。

在现存的中国古籍中，最早全面而精确地陈述勾股定理的是陈子，他在《周髀算经》中说：

“勾股各自乘，并而开方除之，得邪至日。”

古文的“邪”与“斜”同意。据考证，陈子最晚是公元前六、七世纪的学者，至少不晚于毕达哥拉斯，因此有些学者认为毕达哥拉斯定理应改称为“陈子定理”。

中国人很早就发现了勾股定理。钱宝琮先生建议不必用人名来命名这个定理，而直接称之为“勾股定理”。

勾股定理是勾股形的数字特征。勾股形的数字特征还包括相似勾股形的比例关系，即所谓“相似勾股”。中国上古先民利用相似勾股原理，在长期实践过程中发明了万能的矩尺，用以方便地进行测高望远一类勾股测量，这便是“商高答周公问”的“用矩之道”。

勾股定理、相似勾股等勾股形的代数原理统称勾股原理。勾股原理集中反映了中华几何学的基本特色，是中华数学的传家宝。

1.3　“陈子公设”哪里来

考察陈子测日的重差术。

如图 2 在地平线上立前后两根标杆，两杆长均为 h，彼此相距为

d。在同一时刻命人测量日影长度,设前后影长分别为 a,b。据此计算"日高"(太阳高度)y 与"日远"(太阳的垂足到前杆距离)x。

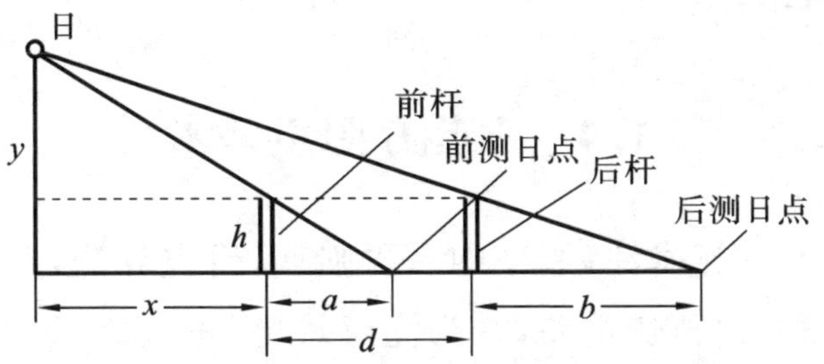

图 2　陈子测日的双杆系统

为了计算日高与日远,陈子在《周髀算经》中给出了一个公设,姑且称之为**"陈子公设"**:

"法曰:周髀长八尺,勾之损益,寸千里。"

其含义是,令标杆长八尺,**如果两杆相距千里,则两影长度相差 1 寸**。即假定

$$\frac{\text{杆间距 } d}{\text{影差 } b-a}=1000 \text{ 里/寸}$$

据说,在西汉至南北朝期间,学界普遍信奉陈子公设(见参考文献[7],51 页)。人们在这一假设成立的前提下套用下列"重差公式"进行天文计算:

$$\text{日远}\quad x=\frac{\text{前影 } a\times\text{间距 } d}{\text{影差 } b-a}$$

$$\text{日高}\quad y=\frac{\text{杆长 } h\times\text{间距 } d}{\text{影差 } b-a}+\text{杆长 } h$$

后世学者对陈子测日的重差术议论纷纷,争论的焦点之一是,陈子公设"日影千里差一寸"从何而来?它合理吗?

唐朝奉旨注释《周髀算经》、《九章算术》的大学者李淳风指出,陈子公设"日影千里差一寸"的说法是错误的。他可能组织人马进行过实地测量。此外,人们后来知道,大地表面并不是一个平面而是一个

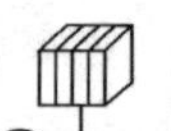

球面,因而《周髀算经》在天文学方面的计算结果大都是存疑的。

就这样,陈子的重差术遭到非议而被扼杀在襁褓之中,成了数学家的一个历史记忆。

1.4 立此存照重差术

刘徽在《九章算术注》原序中一再强调,研究算法,要"总算术之根源","遂悟其意","辄造重差,并为注解,以究古人之意。"因此,为要破解重差术,关键在于探究它的本源,领悟古人的本意。

人们通常认为重差术是刘徽的独创,其实这是一种误解。如前所述,重差术是陈子在天文计算中创造的一类算法设计技术。陈子早于刘徽上千年,刘徽心目中的"古人",想必主要指陈子。陈子是重差术的奠基人和开创者,他对重差术的重大贡献主要表现在如下三个方面:

首先,陈子奠定了重差术的思想基础。陈子的"智类之明"是创立重差术的指导思想。陈子重差术的"本意"是创立一类普适性的法术,它能问一知万,触类旁通,广泛应用于天文测算的方方面面。

其次,陈子奠定了重差术的理论基础。陈子在我国数学史上最早阐明了作为数学第一大定理的勾股定理。熟能生巧,陈子对勾股定理的深刻理解和对勾股测量的熟练把握是创立重差术的前提条件。

最后,陈子奠定了重差术的算法基础。陈子为建立天文的计算公式提出了"陈子公设"。后人不能领悟陈子公设的内在含义,甚至认为它不合事实而束之高阁。其实,陈子公设是重差术的精髓和灵魂。

1.5 追根溯源问陈子

陈子是伟大的思想家。他梦想用数学方法探究天地的奥秘,并立志创立一套观天测地的万能法则。他设想这个法则在功能上是万能

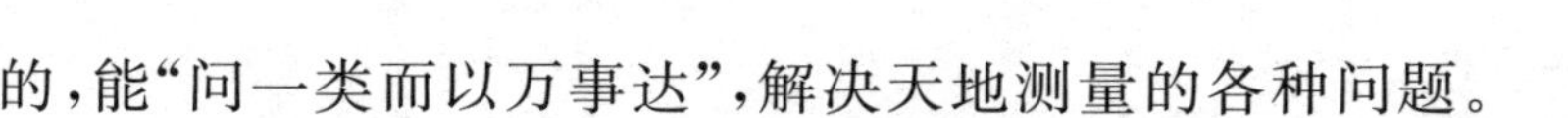
的，能“问一类而以万事达”，解决天地测量的各种问题。

为此，首先需要将天地模型数学化。这是可能的。在陈子的心目中，天地模型的日高和日远与矩尺的勾股是相通的，如图 3 所示。

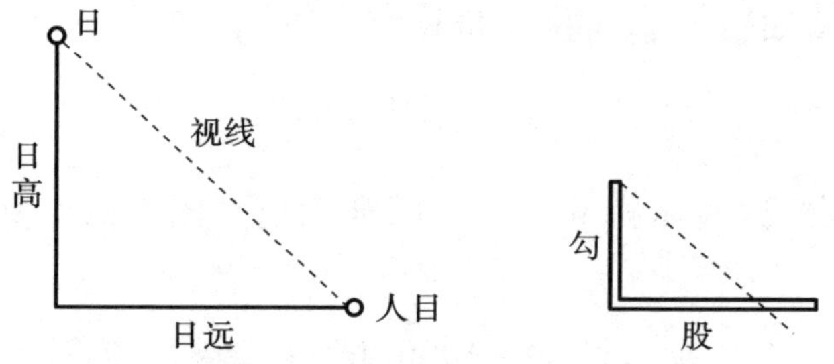

图 3　天地模型的日高日远与矩尺的勾股相类比

实现这种对应关系是容易的。商高的“用矩之道”即勾股测量解决了这类问题。其具体做法是：令人目、太阳与矩尺勾端三点共在一条视线上，这样便建立了一套**含有两个勾股形的勾股相似系统(见图 4)。**

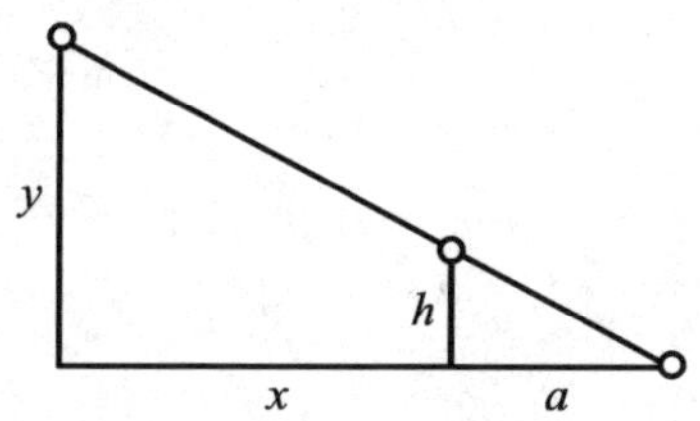

图 4　勾股相似系统

图 4 中，y 表示日高，x 表示日远，h 表示勾长，a 表示股长，即日影。依据勾股形相似关系知

$$\frac{y}{x+a}=\frac{h}{a}$$

由于测日问题的复杂性，陈子设计出了重复勾股测量的双矩系统，如图 3 所示。

陈子还归纳出了这种双矩系统的重差公式

$$日远\quad x=\omega a$$

$$日高\quad y=(\omega+1)h$$

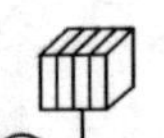

式中系数 ω 待定。

比较两个系统可以明显地看出，双矩测量只是勾股测量的深化，因而系数 ω 依然是某种相似比。

陈子肯定知道 ω 是通过测量计算出来的，即

$$\omega=\frac{\text{间距 } d}{\text{影差 } b-a}$$

但在遥远的古代，实际测量获得 ω 的准确值是困难的。陈子凭主观猜测认定

$$\omega=1000 \text{ 里/寸}$$

后世测量发现，这个结果很不可靠。人们据此对陈子的重差术产生怀疑，甚至采取了否定的态度。

中篇 测高望远的通用程序

第2章 刘徽重差学说

虽天圆穹之象犹曰可度，又况泰山之高与江海之广哉。徽以为今之史籍且略举天地之物，考论厥数，载之于志，以阐世术之美。辄造重差，并为注解，以究古人之意，缀于句股之下。

刘徽 《九章算术注》原序

刘徽在《九章算术注》原序中，介绍了陈子测日的操作方法与计算公式。接着指出：

这样看来，既然天象也可以测量，那么求泰山的高度、江海的宽度就更不用说了。我认为当前历史典籍对天象、地貌已有一些定量纪录，说明学术上的精湛成就。我因此也写了《重差》，并为它作了注释，用来阐述古人建立法则的本意，把它附在勾股章的后面。（见参考文献[4]，62页）

刘徽敏锐地认识到，在现实的测量计算中，双杆测量的重差率是可以实现的，因此他在陈子测日的基础上重建重差学说。刘徽的重差学说具体反映在《海岛算经》的几个算例中。

正如前文所指出的，隋唐学者不知出于何种考虑，把刘徽的重差学说连同几个算例取名《海岛算经》单册发行，其中注释和附图已散失殆尽，现仅存九道算题，俗称“海岛九问”。

本卷下篇将着力逐题求解海岛九问，以探究重差术的真谛。

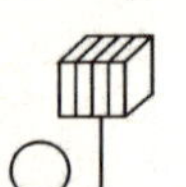

2.1 百家争鸣探"海岛"

刘徽的重差学说具有重大的学术价值,因此引起了广泛的关注。可以毫不夸张地说,人们关于重差术的探索绵延了近两千年。

吴文俊先生撰写长篇论文《我国古代测望之学重差理论评介兼评数学史研究中的某些方法问题》(后文简称《重差评介》)综述了我国自唐宋以来历朝历代学者和一些外国学者的大量研究工作,并给予了学术评价。文章说:

刘徽的《海岛算经》原来有注有图。"析理以辞,解体用图",所谓注即相当于现代的分析与证明。可惜注图都已遗失。后世迄近代有不少中外人士曾补作证明。……现存最早讨论的证明者见于宋杨辉的《续古摘奇算法》(公元 1275 年)。

《重差评介》的结论是:

上节所列各家的论证,我们认为除杨辉的论证以及李俨对杨辉的论证所作解释以外,其他则不仅与中国古代几何学的真意不符,说得严厉一些,可以说所举证明都是"错误"的。(见参考文献[1],17 页)

《重差评介》着重强调:

平行线与相似理论都是欧几里得几何学中的重要成分。……我国从来没有像西方那样在一条还是几条平行线上纠缠不清而另有发展重点:这正好说明我国几何学的特点与其高超之处。(见参考文献[1],17 页)

因此,该文对《中国数学史》所列有关证明(参看后文)提出异议:

钱宝琮在重绘日高图时所添加的一条平行线远远脱离了我国古代的实际情况。它的添入是毫无根据的。(见参考文献[1],17 页)

吴文俊在《重差评介》一文中最后强调说:

我们所以不惜用大量篇幅列举海岛公式的各种证明,指出它们的不当之处,并且强调除个别如杨辉、李俨另当别论外,这些证明特别是

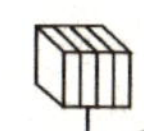

滥用代数符号者都是“错误”的，……（见参考文献[1]，18 页）

下面就吴文俊先生列举的两个案例详加剖析。

2.1.1 杨辉证法欠明快

刘徽的重差术历经千年无人破解，这一数学瑰宝一直被埋没在历史古籍之中。事隔千年之后，直到 13 世纪，南宋大数学家杨辉潜心研

图 5 “望海岛”题示意图（摘自《古今图书集成》）

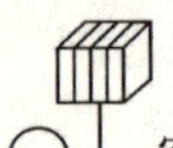

究刘徽的重差术。他着重对《海岛算经》第一题详加分析。《海岛算经》第一题“望海岛”的测量系统如图 5 所示。

作为预备知识，杨辉首先给出一个引理。

［引理］ 如图 6，任给一长方形，过其对角线上任一点将所给长方形剖分成 4 个长方形小块，则左下角与右上角两个小块面积Ⅰ与Ⅱ相等。

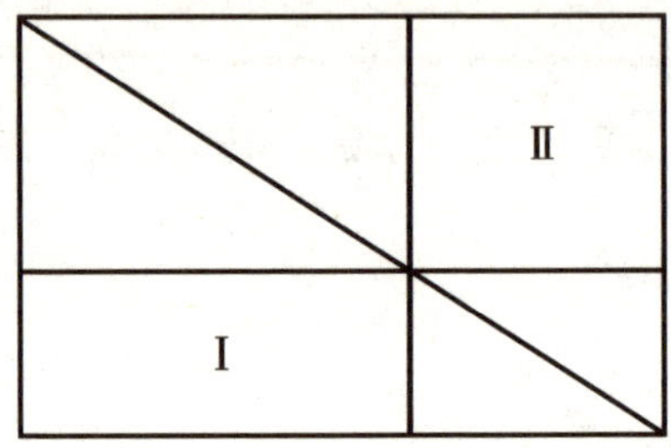

图 6 杨辉的“勾中容横、股中容直”原理

这是显然的，因为对角线左右两侧的大、中、小三对勾股形面积均相等，因此有

$$Ⅰ = Ⅱ$$

杨辉概括这一命题为“**勾中容横，股中容直，二积相同**”，认为这一命题是“先贤用心之源”。姑且称这一命题为“杨辉引理”。

事实上，借助这个引理，求解望海岛题是轻而易举的事。为此，针对望海岛的前后两标杆绘制如下两张方框图（见图 7、图 8）。

如图 7 与图 8，针对两标杆分别套用杨辉引理，前杆与后杆左右两侧的方块面积Ⅰ与Ⅱ及Ⅲ与Ⅳ对应相等，故有

$$Ⅲ - Ⅰ = Ⅳ - Ⅱ$$

注意到

$$Ⅰ = xh$$

$$Ⅱ = a(y-h)$$

$$Ⅲ = (x+d)h$$

$$Ⅳ = b(y-h)$$

由式Ⅲ－Ⅰ＝Ⅳ－Ⅱ即可得出岛高公式

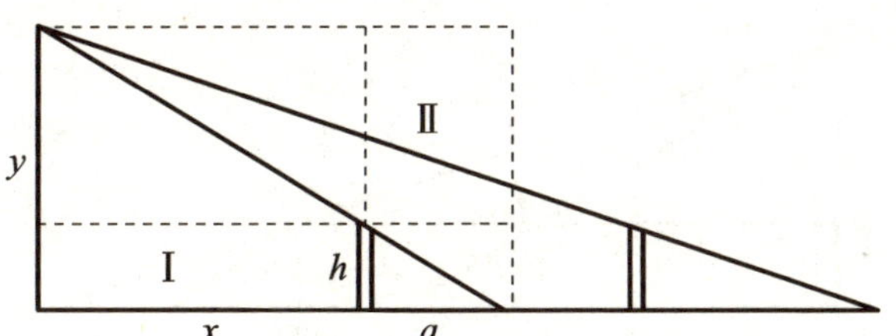

图 7　双杆测量系统的前杆方框图

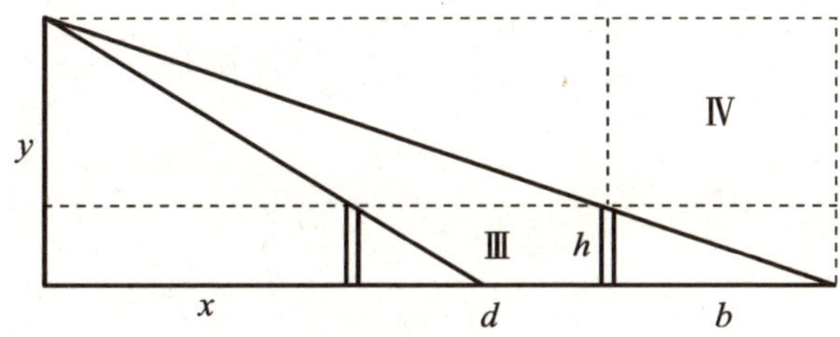

图 8　双杆测量系统的后杆方框图

$$y=\frac{dh}{b-a}+h$$

杨辉的上述证明，其核心在于套用杨辉引理，为此需要将海岛图套在某个方框图表之中，从而使证明过程复杂化。有这样的必要吗？

2.1.2　《中国数学史》中有瑕疵[①]

钱宝琮先生主编的《中国数学史》第三章讨论“重差”，首先证明陈子的重差公式。以下为抄录《中国数学史》的证明过程。

“如图 9，于 C、G 两处立表 CA，GE 各高 h，设两表相距 $CG=d$，南表影长 $CB=a$，北表影长 $GF=b$，求‘日去地’的高 $QP=y$，和从南表到‘日下’的远 $QC=x$。

作 EK **与** AB **平行，**KF **为影差** $b-a$。作 RE 与 QG 平行。$AE=CG=d$ 为南北两表离‘日下’Q 的差。因 $\triangle PRA$ 和 $\triangle EGK$ 相似，$\triangle PAE$ 和 $\triangle EKF$ 相似，故

① 钱宝琮主编. 中国数学史. 北京：科学出版社，1992 年.

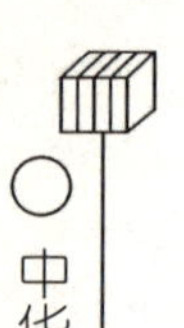

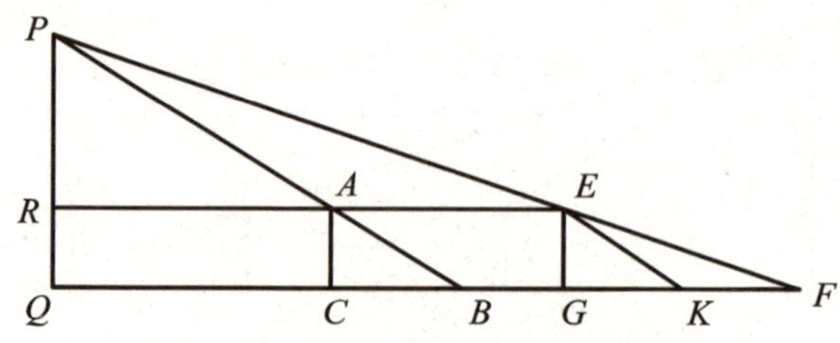

图 9　证明重差术添加了辅助线 EK

$$\frac{RP}{GE}=\frac{RA}{GK}=\frac{PA}{EK}=\frac{AE}{KF}$$

或

$$\frac{y-h}{h}=\frac{x}{a}=\frac{d}{b-a}$$

所以

$$y=\frac{hd}{b-a}+h,\quad x=\frac{ad}{b-a}$$

在上面等式里的$\frac{d}{b-a}$是两个差数的比，所以叫重差术。”

以上证明过程有两点值得商榷：

其一，为了导出重差公式，作者**引进了一条平行线 EK，并用任意三角形的相似理论，这是西方欧几里得几何学的惯用手法，但中华古算中罕见这样处理。前面吴文俊先生已明确指出了这一画蛇添足式的严重错误。**

其二，等式里的$\frac{d}{b-a}$被认定为两个差数的比，其中，分母 $b-a$ 即影长之差，自然是个差数，但作者认为分子 d 为“南北两表离日下 Q 的差”，即

$$CG=QG-QC$$

也是差数。这种看法似乎有点勉强，因为 QG 与 QC 都是待求的未知量，而 $CG=d$ 是所给的已知数据，**用未知来界定已知，**这种做法不正常。

不过，钱宝琮先生主编的《中国数学史》，确认 $\omega=\dfrac{d}{b-a}$ 是“两个差数之比”，这个认识非常重要。

什么是“重差”？顾名思义，“重”字有两种解释：一曰重复，一曰重叠。如前所述，重差术设置前后两个标杆，然后考察两个日影之差，因此重差术应理解为“重测取差”。

另一方面，$\omega=\dfrac{d}{b-a}$ 这个关键数据是“两个差数之比”，它是个差数的重叠，即它是个“差商”。我们认为，重差术的“重”字兼有重复与重叠两重含义，可见重差术立意深邃。

2.2 相似勾股生重差

“众里寻他千百度。蓦然回首，那人却在，灯火阑珊处。”

辛弃疾的这首词生动地刻画了一个孤高、淡泊、自甘寂寞的“佳人”形象。在元宵节夜晚灯火辉煌的闹市里，哪里都找不到“他”。偶然回头，却发现“那人”独自站在灯火冷落的角落里。

人们耳熟能详的这一名句被学者们比喻为治学的某种高超境界，倒也十分贴切。

什么是“重差”？千百年来，人们“众里寻他千百度”，但至今依然是众说纷纭，莫衷一是。

刘徽的《九章算术注》原序一再提醒人们，要究古人的本意，莫忘初心。古人创立“重差”是出于什么初衷？

再回顾陈子测量太阳高度这一伟大壮举。

前已指出，精确描述勾股定理的陈子熟知勾股测量。勾股测量的基本方法是立一标杆或置一矩尺在测量图上生成一对相似勾股形，如图 10 所示。

正如吴文俊先生在文献[1]中所指出：

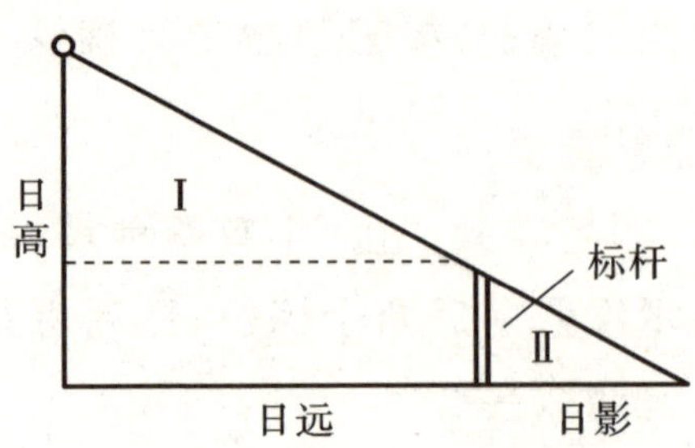

图 10　利用标杆进行勾股测量

“相似勾股形对应勾股成比例的命题在我国有着悠久的历史。不仅刘徽《九章算术注》勾股章自第 14 题以下至最后第 24 题的证明中每题都曾用到这一命题，早在《周髀算经》中即是求日径方法的依据。”

相似勾股形对应勾股成比例，这一命题在重差术中扮演着重要角色。要从两个方面理解这个命题：一方面，由相似勾股可以建立勾股比例算式；另一方面，由勾股比例算式可以立即反观彼此相似的两个勾股形。在下篇求解“海岛九问”的过程中务请牢记这一事实。

然而由于测日问题需要决定日高与日远两个未知量，单靠一次勾股测量不能得出所求的解，所以需要多次重复测量。

刘徽指出：

“凡望极高、测绝深而兼知其远者必用重差……”

重差测量就是重复使用勾股测量的一个“测日系统”，通过这个系统可以一并求出“日高”和“日远”。下面给出两次勾股测量的几何图示，如图 11、图 12 所示。

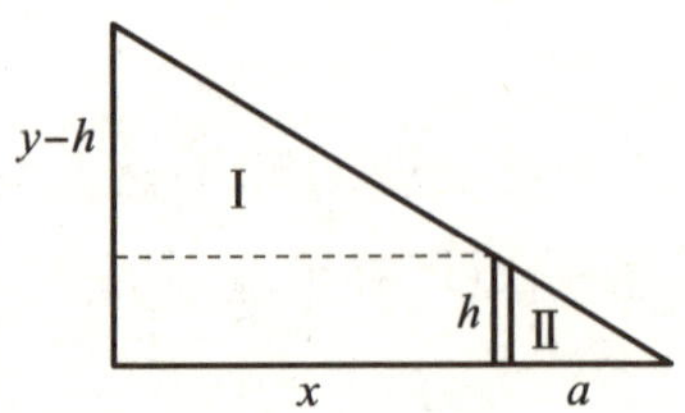

图 11　利用前杆进行勾股测量

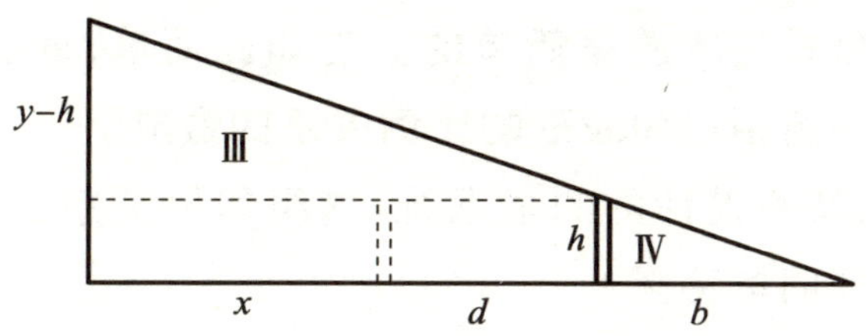

图 12　利用后杆进行勾股测量

将两次测量的几何图形归并在一起,设两者的图形在同一平面内,则有**日高图**(见图 13)即**陈子测日系统**:

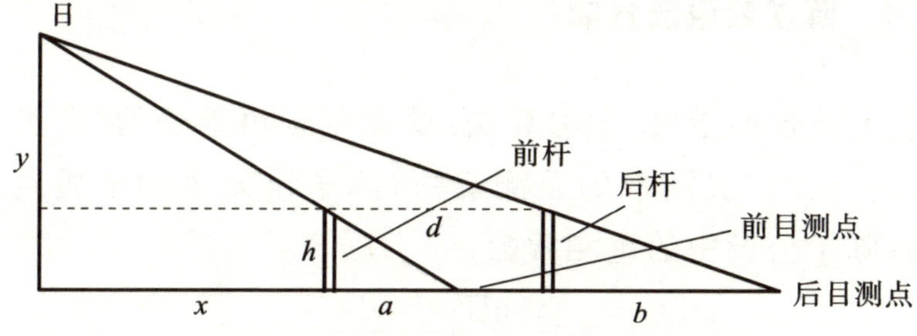

图 13　利用前杆与后杆进行勾股测量

如图 13 所示,设两标杆长 h,两杆间距 d,前杆影长 a,后杆影长 b,两杆影差 $b-a$,试求日远 x 及日高 y。

按前标杆作第一次测量,依图 11,两个勾股形Ⅰ与Ⅱ相似,有

$$\frac{y-h}{h}=\frac{x}{a}$$

同理,按后标杆作第二次测量,依图 12,两个勾股形Ⅲ与Ⅳ相似,又有

$$\frac{y-h}{h}=\frac{x+d}{b}$$

联立两式即可导出重差公式:

$$日远\quad x=\frac{ad}{b-a}$$

$$日高\quad y=\frac{hd}{b-a}+h$$

这样一蹴而就地导出了重差公式。

原来重差公式的本质是简单的。它如此简单,近乎是平凡的:重差公式其实是一组相似勾股形的比例关系的合成。

然而,作为特殊设计的测量系统,这组勾股关系所生成的重差公式中潜藏着怎样的奥秘呢?

2.3 重差学说探精微

2.3.1 陈子公设放异彩

本卷上篇强调指出,学习算法,要深刻领悟陈子的"智类之明"。其实,作为一类勾股测量的重测算法,陈子重差术的本质属性是陈子公设。陈子公设中的重测常数

$$\omega=\frac{\text{间距}}{\text{影差}}=\frac{d}{b-a}$$

具有怎样的含义呢?

事实上,借助于重测常数 ω,上述计算公式中的日远和日高可以表述为

$$\text{日远}\quad x=\omega a$$

$$\text{日高}\quad y=(\omega+1)h$$

这就是说,**在重复勾股测量过程中,重测常数 ω 刻画了标杆关于日高、日远的放大倍数。可见,陈子公设是重差术的精髓和灵魂,而重测常数 ω 则是人们苦苦寻觅的"重差率"。**

然而问题又从另一方面出现了。重差公式解决了测日问题的"可计算性",但这种计算过程能否实现呢?

需要提醒注意的是,重复测量所需的数据 d,a,b 在几千年前的古代是难以获得的,所以陈子主观地猜想了一个数据"日影千里差一

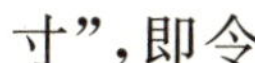
寸”，即令

$$\omega=1000\text{ 里/寸}$$

从而将重差测量转化为勾股测量。这就简化了计算，但也因此损害了精度，导致陈子测日结果的失真，前已指出了这个事实。

2.3.2 三数合一“偏差比”

再剖析重差率的数字结构，给出重差率的数学定义。

我们看到，重差率

$$\omega=\frac{d}{b-a}$$

的分母 $b-a$ 是个差数，其分子 d 本质上也是个差数

$$d=(d+b)-b$$

在日高图的图 13 中，**它表示后目测点到前标杆的距离 $d+b$ 与该点到后标杆的距离 b 两者之差，从而 ω 是两个差数 $(d+b)-b$ 与 $b-a$ 的比率，这种差数的“重叠”称“差商”，或称“重差”。**

总之，重差率 ω 是三个测量数据 $d+b,b,a$ 合成的结果，它们按大小次序排列为

$$d+b>b>a$$

且中间数 b 在分母中是被减数，在分子中是减数。也就是说，重差率 ω 是由三个测量数据 $d+b,b,a$ 按算式

$$\omega=\frac{(d+b)-b}{b-a}$$

合成的一个数，设该数记为 $\langle d+b,b,a\rangle$。

如此定义的重差率合理吗？后文将针对《海岛算经》诸题进行验证。

如此定义的“差商”有何深刻含义？本卷下篇将揭示一系列奇妙的事实。

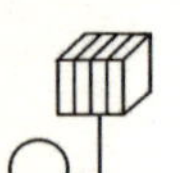

2.4 重差模式一二三

杨辉在讨论《海岛算经》时认为，没有必要给出海岛九问的全部证明，只要认真分析望海岛题一，其余诸题留待“好学君子触类而考”。

其实，这种简单化的处理方法是要付出代价的。**只有全面、完整地解决海岛九问，才会发现刘徽重差术的真谛。**

在系统结构上，刘徽重差学说包含“首”和“尾”两大部分。既不能见“首”不见“尾”，也不能见“尾”不见“首”。首与尾组成一个和谐的整体。

重差学说的“龙首”是《九章算术注》原序，该序的本意是创建一个求解各种复杂测量问题的“标准程序”，一个“万事达”的重差模式。

重差模式刻画了陈子测日过程，前文已陈述过多遍：

“立两表于洛阳之城，令高八尺。南北各尽平地，同日度其正中之景。以景差为法，表高乘表间为实，实如法而一，所得加表高，即日去地也。以南表之景乘表间为实，实如法而一，即为从南表至南戴日下也。”[①]

这段文字说明，测高望远需预先制作一个“重差模式”，这个模式是一个如图 14 所示的测日系统。

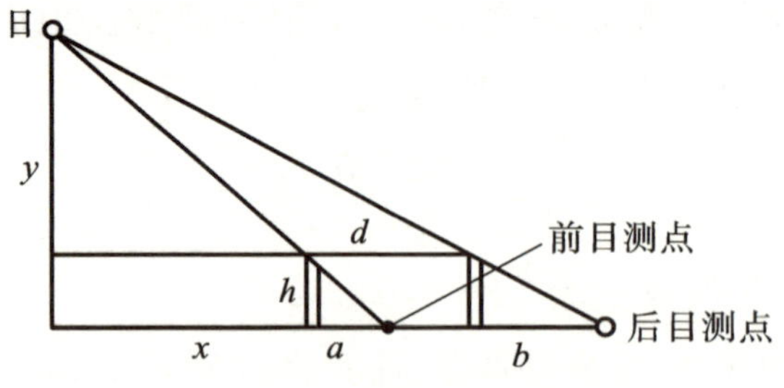

图 14 重差模式的双测系统

① 本段中“景”同“影”.

模式的套用要做三项准备：

一个目标：指定一个目标为“日”。

两根标杆：竖立等长的两根标杆，高 h，生成两条视线。前后两个目测点着地。

三个数据：前影 a，后影 b，间距 d。

实际解题时，调用模式要实现三个步骤：

步 1　确定**重差率**

$$\omega=\frac{\text{间距 } d}{\text{影差 } b-a}$$

步 2　调用重差公式：

$$\text{日远}\quad x=\omega a$$

$$\text{日高}\quad y=(\omega+1)h$$

步 3　将测日结果转化成解题答案。

重差学说的“龙尾”是海岛九问。不能视海岛九问是一些零散的算例，它们集中地刻画了刘徽重差学说的模块化设计。

套用重差模式求解各种复杂的勾股测量问题，海岛九问明确无误地表达了陈子的“智类之明”，“问一类而以万事达”。用重差模式统率海岛九问，这是“问一知万”。从海岛九问中提炼出重差模式，这是“万法归一”。刘徽的重差学说是“一画开天”的大智慧。

下篇　海岛九问的求解格式

第3章　海岛算经题解

事类相推，各有攸归，故枝条虽分而同本干者，知发其一端而已。

刘徽　《九章算术注》原序

现存《海岛算经》仅剩九个应用题，统称“海岛九问”，其中包括：

1. 望海岛	2. 望松	3. 望邑
4. 望谷	5. 望楼	6. 望波口
7. 望清渊	8. 望津	9. 临邑

为便于计算公式的推导，本文先将原题中的数字改为符号字母，待建立算式后，再用题设数据进行验算，验证公式的正确性。

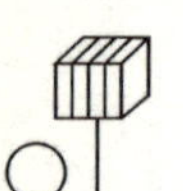

3.1 望海岛题一

古题今译

现有人测望海岛，立两标杆各高 h，前后间距 d，并使两标杆与海岛顶峰在同一平面内。从前标杆向后退 a，人目着地，前视岛峰刚好与标杆顶点在一直线上。从后标杆向后退 b，人目着地，前视岛峰也刚好与后标杆顶点在一直线上。绘制草图如图 15 所示，问岛高 y、岛与前标杆距离 x 各是多少？

草图绘制

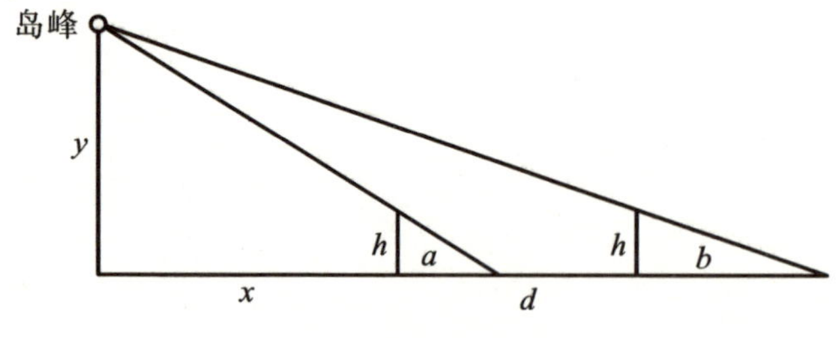

图 15　望海岛题草图

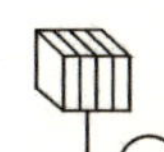

公式推导

该题视岛峰为“日”。前后标杆长 h，影长 a，b，间距 d，计算重差率

$$\omega=\frac{d}{b-a}$$

套用重差模式知：

“日地”即岛与标杆距离

$$x=\omega a$$

“日高”即岛高

$$y=(\omega+1)h$$

数据验算[①]

已知

$h=3$ 丈$=30$ 尺， $d=1000$ 步$=6000$ 尺

$a=123$ 步$=738$ 尺， $b=127$ 步$=762$ 尺

计算得

$$\omega=\frac{d}{b-a}=\frac{6000}{762-738}=250$$

$x=\omega a=250\times738$ 尺$=184500$ 尺$=102$ 里 150 步

$y=(\omega+1)h=(250+1)\times30$ 尺$=7530$ 尺$=4$ 里 55 步

与《海岛算经》望海岛题 1 对照，结果正确。

① 古时所用的长度单位有里、丈、尺、寸. 1 里＝180 丈＝1800 尺，1 丈＝10 尺，1 步＝6 尺，1 尺＝10 寸.

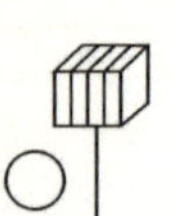

3.2 望松题二

古题今译

现有人测望山上松树，树高不知。先立两标杆各高 h，前后距离 d，并使两者与松树在同一平面内。从前标杆后退 a，人目着地，前视树顶与标杆顶在同一直线上。又前视树根，视线截标杆顶以下 k，又从后标杆退行 b，人目着地，前视树顶，也与标杆顶在同一直线上。绘制草图如图 16 所示，求松树高 z 及山与前标杆距离 x。

草图绘制

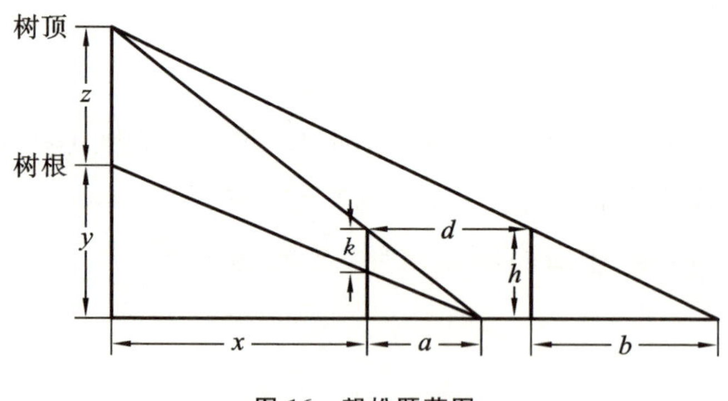

图 16　望松题草图

公式推导

套用重差模式。这里指定松树顶为“日”。两标杆已知，高 h，间距 d，前影长 a，后影长 b，计算重差率

$$\omega=\frac{d}{b-a}$$

按“日远”公式知山与前标杆距离

$$x=\omega a$$

按“日高”公式求得山高

$$z+y=(\omega+1)h$$

为计算松树高 z，需要求出树根距地面高度 y，由图 17 显见，利用勾股相似可列出算式

$$\frac{y}{x+a}=\frac{h-k}{a}$$

知

$$y=\frac{(h-k)(x+a)}{a}=(\omega+1)(h-k)$$

据此求得松树高

$$z=(z+y)-y=(\omega+1)k$$

数据验算

已知 $h=2$ 丈$=20$ 尺

$d=50$ 步$=300$ 尺， $k=2$ 尺 8 寸$=2.8$ 尺

$a=7$ 步 4 尺$=46$ 尺， $b=8$ 步 5 尺$=53$ 尺

计算得

$$\omega=\frac{d}{b-a}=\frac{300}{53-46}=\frac{300}{7}$$

$$z=(\omega+1)k=\left(\frac{300}{7}+1\right)\times 2.8 \text{ 尺}$$

$$=122.8 \text{ 尺}=12 \text{ 丈 } 2 \text{ 尺 } 8 \text{ 寸}$$

与《海岛算经》望松题二对照，结果正确。

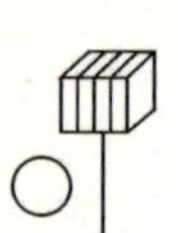

3.3 望邑题三

古题今译

现有人向南测望正方形城，不知其边长。设立东西两标杆，相距 k。两杆与人目同高，用绳索相连。令东杆与城东南角、东北角成一直线。从东杆北行 b，前视城西北角，视线截绳索离东杆 h。再从东杆北行 a，前视城西北角，西杆却正在视线内。绘制草图如图 17 所示，求正方形城边长 x 及城与标杆距离 y。

草图绘制

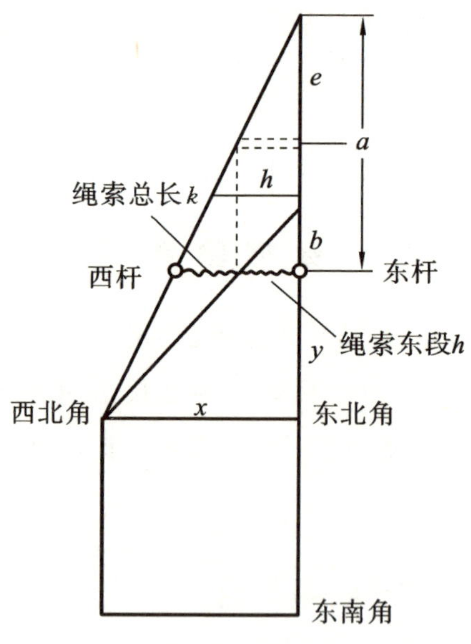

图 17　望邑题草图

公式推导

套用重差模式。该题设定西北角为“日”。立足图中两条射线，令绳索东段充当前标杆，杆长 h，影长 b。如图 17 所示，从杆端引虚线交上视线，生成虚拟后标杆，杆长 h，影长 e 待求。注意到两标杆间距 $a-e$，其重差率

$$\omega=\frac{a-e}{e-b}$$

套用重差公式有：

“日高”即城边长　　　$x=(\omega+1)h$

“日远”即城杆距　　　$y=\omega b$

重差公式内含未知数 e。利用勾股相似关系列方程

$$\frac{e}{h}=\frac{a}{k}$$

定出

$$e=\frac{ha}{k}$$

数据验算

已知

$$k=6\text{ 丈}=60\text{ 尺},\quad b=5\text{ 步}=30\text{ 尺}$$

$$h=2\text{ 丈 }2\text{ 尺 }6\frac{1}{2}\text{寸}=22.65\text{ 尺},\quad a=13\text{ 步 }2\text{ 尺}=80\text{ 尺}$$

计算得

$$e=\frac{ha}{k}=\frac{22.65\times 80}{60}=30.2,\quad \omega=\frac{a-e}{e-b}=\frac{80-30.2}{30.2-30}=249$$

$$x=(\omega+1)h=(249+1)\times 22.65\text{ 尺}=5662.5\text{ 尺}=3\text{ 里 }43\frac{3}{4}\text{步}$$

$$y=\omega b=249\times 30\text{ 尺}=7470\text{ 尺}=4\text{ 里 }45\text{ 步}$$

与《海岛算经》望邑题三对照，结果正确。

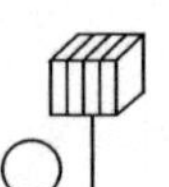

3.4 望谷题四

古题今译

现有人测望深谷。在岸上立矩尺,勾高 a,从勾端前视谷底,视线截取下股长 h。又另设一矩尺在上方,上矩与下矩相距 d,再从上矩勾端视谷底,视线截取上股长 k。绘制草图如图 18 所示,求谷深 y。

草图绘制

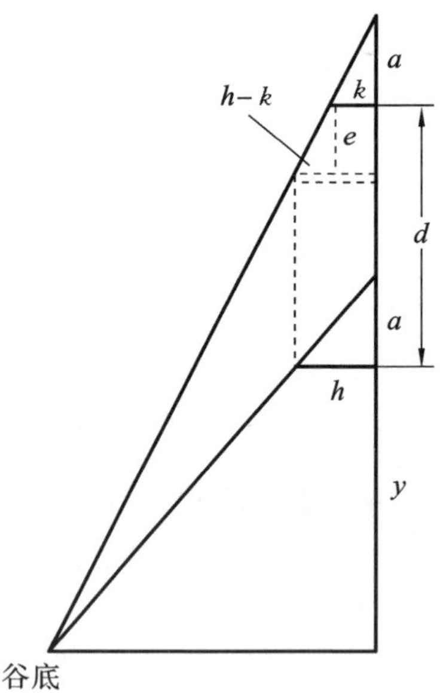

图 18　望谷题草图

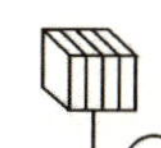

公式推导

套用重差模式。该题下股可充当前标杆，杆长 h，影长 a。如图 18 所示过杆端引虚线交上视线，生成虚拟后标杆，设它与上股距离为 e，则其影长 $a+e$。

注意到影差 $(a+e)-a=e$，又间距 $d-e$，这里重差率

$$\omega=\frac{d-e}{e}$$

式中参数 e 待求。利用勾股相似关系知

$$\frac{e}{h-k}=\frac{a}{k}$$

求得

$$e=\frac{(h-k)a}{k}$$

套用重差公式知"日远"即谷深

$$y=\omega a$$

数据验算

已知

$$a=6\text{ 尺},\quad h=9\text{ 尺 }1\text{ 寸}=9.1\text{ 尺}$$

$$d=3\text{ 丈}=30\text{ 尺},\quad k=8\text{ 尺 }5\text{ 寸}=8.5\text{ 尺}$$

计算得

$$e=\frac{(h-k)a}{k}=\frac{(9.1-8.5)\times 6}{8.5}=\frac{3.6}{8.5}$$

$$\omega=\frac{d-e}{e}=\frac{30\times 8.5}{3.6}-1$$

$$y=\omega a=\left(\frac{30\times 8.5}{3.6}-1\right)\times 6\text{ 尺}=419\text{ 尺}$$

与《海岛算经》望谷题四对照，结果正确。

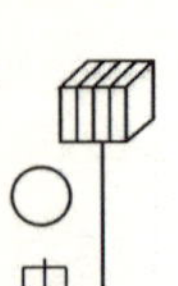

3.5 望楼题五

古题今译

现有人登山测望楼房，楼在平地上。在山上立矩尺，勾高 a，从勾顶斜向前视楼基，视线截下股长 h。又另设一矩尺在上方，上下两矩间距 d，从上矩勾顶前视楼基，视线截上股长 k。又在视线与上股交会处再立一竖杆，前视楼顶，视线截竖杆高(距股) l。绘制草图如图 19 所示，求楼高 x。

草图绘制

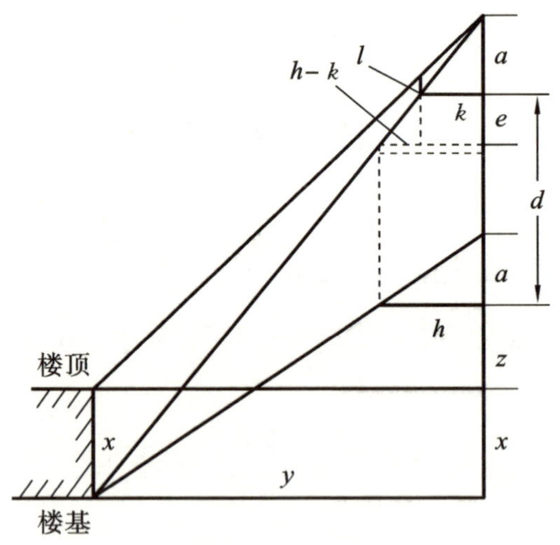

图 19 望楼题草图

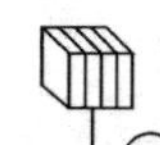

公式推导

视楼基为“日”。令下矩尺充当前标杆，杆长 h，影长 a。如图 19 所示过杆端引虚线交中视线，生成一虚拟后标杆。设该杆距上股长 e，其影长 $a+e$，影差 $(a+e)-a=e$，两杆间距 $d-e$，重差率

$$\omega=\frac{d-e}{e}$$

套用重差公式有：

日高 $$y=\left(\frac{d-e}{e}+1\right)h=\frac{dh}{e}$$

日远 $$x+z=\frac{d-e}{e}a$$

式中含有未知数 e 和 z。容易看出，图 19 内含两对相似勾股形，利用勾股相似关系列方程

$$\frac{e}{h-k}=\frac{a}{k}$$

$$\frac{z+d+a}{y}=\frac{a-l}{k}$$

它们与重差公式联立解出

$$x=\frac{ldh}{a(h-k)}$$

数据验算

已知

$a=6$ 尺， $h=1$ 丈 2 尺 $=12$ 尺， $d=3$ 丈 $=30$ 尺

$k=1$ 丈 1 尺 4 寸 $=11.4$ 尺， $l=8$ 寸 $=0.8$ 尺

计算得

$$x=\frac{ldh}{a(h-k)}=\frac{0.8\times30\times12}{6\times(12-11.4)}\text{尺}=80\text{ 尺}=8\text{ 丈}$$

与《海岛算经》望楼题五对照，结果正确。

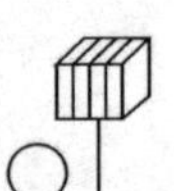

3.6 望波口题六

古题今译

现有人向东南方向测望河宽，先设立两标杆，南北相距 d，用绳索靠平地连接。从北杆向西行 b，靠地前视波口南岸，视线截绳索距离北杆 h。前视波口北岸，视线截绳索北移 k。再向西走距离北杆 a，靠地前视波口南岸，视线与南杆成一直线。绘制草图如图 20 所示，求河的宽度 x。

草图绘制

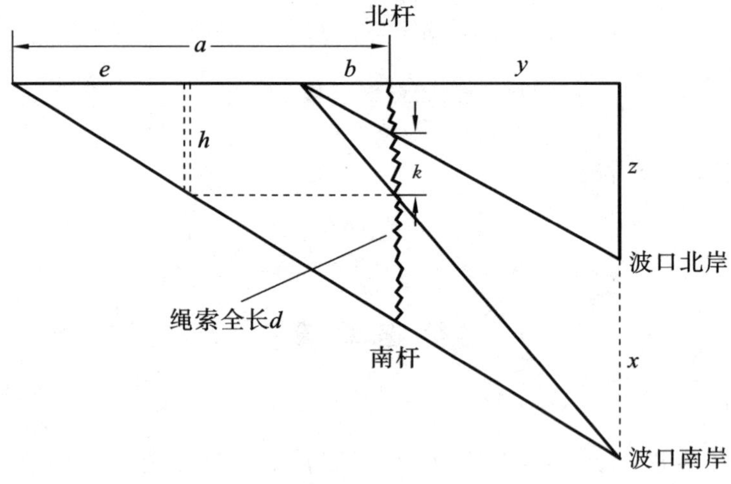

图 20　望波口题草图

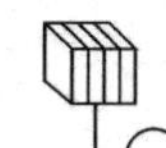

公式推导

视波口南岸为“日”。令绳索长 h 的北段为前标杆，影长 b。如图 20 所示，过杆端引虚线与视线相交，生成虚拟后标杆，其影长为 e。这样，两杆间距 $a-e$，影差 $e-b$，重差率 $\omega=\frac{a-e}{e-b}$。套用重差公式有：

日远　　$y=\omega b$

日高　　$x+z=(\omega+1)h$

内含未知数 e 和 z。利用勾股相似关系

$$\frac{e}{h}=\frac{a}{d},\quad \frac{z}{y+b}=\frac{h-k}{b}$$

据日远公式

$$z=\frac{h-k}{b}(y+b)=(\omega+1)(h-k)$$

代入日高公式得

$$x=(\omega+1)h-(\omega+1)(h-k)=(\omega+1)k$$

数据验算

已知　　$d=9$ 丈 $=90$ 尺，　$b=6$ 丈 $=60$ 尺

$h=4$ 丈 2 寸 $=40.2$ 尺

$k=1$ 丈 2 尺 $=12$ 尺，　$a=13$ 丈 5 尺 $=135$ 尺

计算得

$$e=\frac{ah}{d}=\frac{135\times 40.2}{90}=60.3$$

$$\omega=\frac{a-e}{e-b}=\frac{135-60.3}{60.3-60}=249$$

$x=(\omega+1)k=(249+1)\times 12$ 尺 $=3000$ 尺 $=1$ 里 200 步

对照《海岛算经》望波口题六，结果正确。

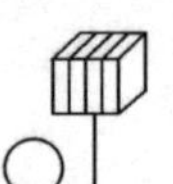

3.7 望清渊题七

古题今译

现有人测望清渊，渊底有白石。设立矩尺在岸上，勾高 a。斜向前视水岸，视线截下股长 h，前视白石，视线截下股长 l。另设一矩尺在上方 d 处，从勾端斜向前视水岸，截上股长 k，前视白石截上股长 m。绘制草图如图 21 所示，求水深 x。

草图绘制

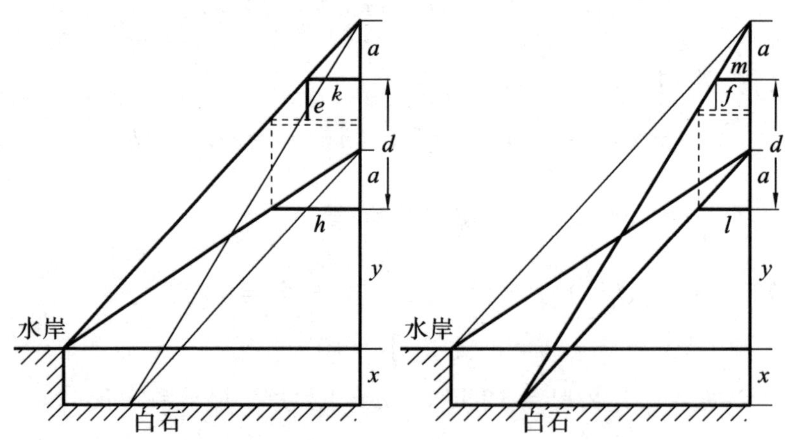

图 21 望清渊题草图

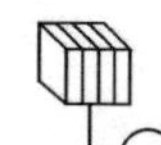

公式推导

该题有两个测量目标：水岸与白石，因此需要两次套用重差模式。

先考察水岸。如图 21 左图所示，将下标尺充当前标杆，杆长 h，影长 a。如图 21 左图由杆端引虚线交上视线，生成虚拟后标杆。设后标杆与上矩尺的股相距 e，则后影长 $a+e$。这里影差 $(a+e)-a=e$，间距 $d-e$，重差率 $\omega_1=\frac{d-e}{e}$，式中含未知量 e。

利用勾股相似关系

$$\frac{e}{h-k}=\frac{a}{k}$$

求得

$$e=\frac{(h-k)a}{k}$$

套用日远公式有

$$y=\omega_1 a=\frac{kd}{h-k}-a$$

再考察白石。如图 21 右图所示，套用重差公式，可知

$$x+y=\frac{md}{l-m}-a$$

两式相减即得水深

$$x=\frac{md}{l-m}-\frac{kd}{h-k}$$

数据验算

已知

$a=3$ 尺， $h=4$ 尺 5 寸 $=4.5$ 尺， $l=2$ 尺 4 寸 $=2.4$ 尺

$d=4$ 尺， $k=4$ 尺， $m=2$ 尺 2 寸 $=2.2$ 尺

计算得

$$x=\frac{md}{l-m}-\frac{kd}{h-k}=\left(\frac{2.2\times 4}{2.4-2.2}-\frac{4\times 4}{4.5-4}\right)\text{尺}=12\text{ 尺}$$

对照《海岛算经》望清渊题七，结果正确。

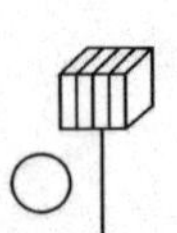

3.8 望津题八

古题今译

现登山测望河宽,河在山南。在山上设矩尺勾 a。从勾端前视河的南岸,视线截下股长 h。又前视河的北岸,视线在股上后退 l,再向上攀登高岩。向北行 g,上行 f 处再设矩尺。从勾端前视河的南岸,视线截上股长 k。绘制草图如图 22 所示,求河宽 x。

草图绘制

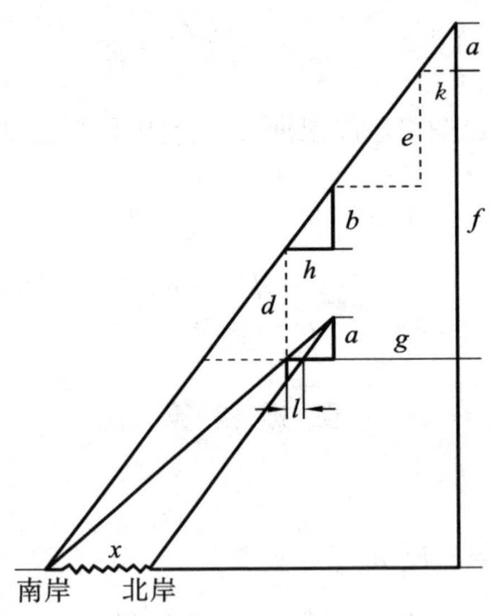

图 22 望津题草图

公式推导

本题是望松题二的复杂化。

视南岸为“日”。以下矩的股长为前标杆，杆长 h，影长 a。如图 22 所示过杆端引虚线交上视线，生成虚拟后标杆，设其影长为 b。设后标杆距上矩股为 e，则两标杆间距

$$d=f-e-b$$

重差率
$$\omega=\frac{f-e-b}{b-a}$$

套用望松题二的计算公式，知河宽

$$x=\frac{d+b-a}{b-a}l=\frac{f-e-a}{b-a}l$$

其中含两个未知参数 b 与 e。附加两个相似勾股的比例关系

$$\frac{b}{h}=\frac{a}{k},\quad \frac{e}{g-k}=\frac{a}{k}$$

解出 b 与 e，代入前式得

$$x=\frac{(fk-ag)l}{(h-k)a}$$

数据验算

已知

$a=1$ 丈 2 尺 $=12$ 尺，　$h=2$ 丈 3 尺 1 寸 $=23.1$ 尺

$l=1$ 丈 8 寸 $=10.8$ 尺，　$g=22$ 步 $=132$ 尺

$f=51$ 步 $=306$ 尺，　$k=2$ 丈 2 尺 $=22$ 尺

计算得

$$x=\frac{(fk-ag)l}{(h-k)a}=\frac{(306\times22-12\times132)\times10.8}{(23.1-22)\times12}\text{尺}$$

$$=4212\text{尺}=2\text{里}102\text{步}$$

对照《海岛算经》望津题八，结果正确。

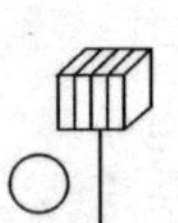

3.9 临邑题九

古题今译

现有人登山测望县城。县城在山南。在山上设矩尺,勾高 b。从勾端前视城东南角与东北角的视线在同一平面内。从勾端前视东北角,视线截下股长 k。又在视线与股的交点立一横杆与股垂直。从勾端前视西北角,视线截横杆 c。前视东南角,视线截下股长 h。另设一矩尺在上方,上下相距 d。在勾端前视东南角,截上股长 a。绘制草图如图 23 所示,求县城的边长 x 与宽 y。

草图绘制

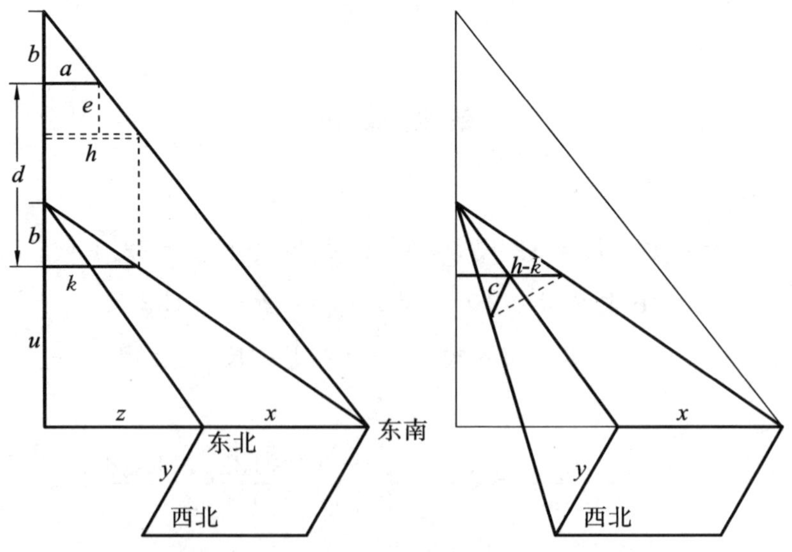

图 23 望邑题草图

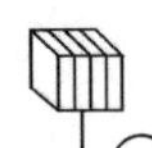

公式推导

该题以城东南角为“日”。先将下矩尺改造成前标杆，杆长 h，影长 b。如图 23 左图所示过杆端引虚线，交上视线生成后标杆。设后标杆与上矩尺相距 e，后标杆影长 $b+e$，这里影差 $(b+e)-b=e$，间距 $d-e$，重差率 $\omega=\frac{d-e}{e}$，套用重差公式知

日高 $$x+z=(\omega+1)h=\frac{dh}{e}$$

日远 $$u=\omega b=\frac{d-e}{e}b$$

式中含有未知参数 e,z 与 y。

参看图 23 右图，容易发现与未知参数相关的相似勾股形，据此列出方程

$$\frac{e}{h-a}=\frac{b}{a},\quad \frac{b}{k}=\frac{u+b}{z},\quad \frac{c}{y}=\frac{h-k}{x}$$

求解得 $$x=\frac{(h-k)ad}{(h-a)b},\quad y=\frac{acd}{(h-a)b}$$

数据验算

已知

$b=3$ 尺 5 寸 $=3.5$ 尺， $k=1$ 丈 2 尺 $=12$ 尺

$c=5$ 尺， $h=1$ 丈 8 尺 $=18$ 尺

$d=4$ 丈 $=40$ 尺， $a=1$ 丈 7 尺 5 寸 $=17.5$ 尺

计算得

$x=2400$ 尺 $=1$ 里 100 步， $y=2000$ 尺 $=1$ 里 $33\frac{1}{3}$ 步

对照《海岛算经》临邑题九，结果正确。

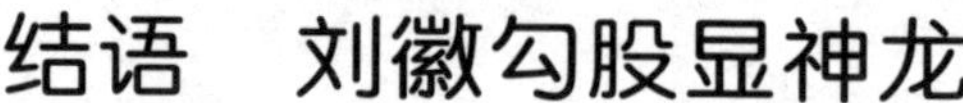

结语　刘徽勾股显神龙

西方的形式逻辑体系是人们所熟悉的。古希腊的欧几里得创立了一种新方法，一种被称为公理化的陈述方法。欧几里得的公理化方法可表述为

$$\text{数学定义}+\text{公理}\xrightarrow{\text{逻辑演绎}}\text{“理”（几何命题或定理）}$$

与此形成鲜明对照的是，刘徽在《九章算术注》中创立了中华数学的理论体系。刘徽基于极少数人在长期实践中归纳出来的、颠扑不破的原理，如出入相补原理之类，运用图形直觉与逻辑规则的交互作用，推导出一系列具有实用价值的算法设计技术，简称为“术”。这种推理方法可称为**原理化方法**。刘徽的原理化方法可表述为

$$\text{实践经验}+\text{原理}\xrightarrow{\text{形数互动}}\text{“术”（算法设计技术）}$$

特别地，刘徽的重差术与割圆术，作为这种原理化方法生成的两株数学奇葩，它们共同编织起中国古代的几何学体系。

这一体系的共同点是，它们全都建立在勾股原理的基础上，可称之为**刘徽勾股原理化体系**，简称**刘徽勾股**。

几何学体系刘徽勾股

刘徽勾股以勾股形作为基本元素，它们用以替代任意三角形，或组合生成多边形。这样建立的系统可以不涉及角的度量，并且绕开平行性理论的纠缠，因而结构简单，原理明晰，操作方便，且应用广泛，往往效果是奇妙的。

在方法上刘徽勾股是数形结合的。它的设计思想是化形为数，处

理过程分三步：

步 1 将实际问题表达为某种图形结构，并运用勾股原理剖析图形的几何关系；

步 2 设置代数参数将几何关系转化为代数式；

步 3 将代数式表达为某种线性方程组来求解。

刘徽勾股的根本宗旨是服务于实际应用。它不像欧氏几何那样凭空臆造一些公理，试图营建一个"天衣无缝"的逻辑体系。这种体系必然漏洞百出，最终导致失败。与此不同，中华数学深深扎根于实践应用的土壤中，它从大自然中摄取营养，因而是万古长青的。

2000 年，为了庆贺苏步青先生百岁寿辰，陈省身先生从海外发来贺卡(见图 24)。贺卡高度赞扬苏步青先生在几何学上的巨大贡献。引人注目的是，陈省身先生在这张贺卡的开头，用八个字概括了古代几何学的两大体系：

欧氏公理　刘徽勾股

陈先生借此机会警示后辈，在学习欧几里得公理化体系的同时，不要忘记中华几何学的原理化体系——刘徽勾股。

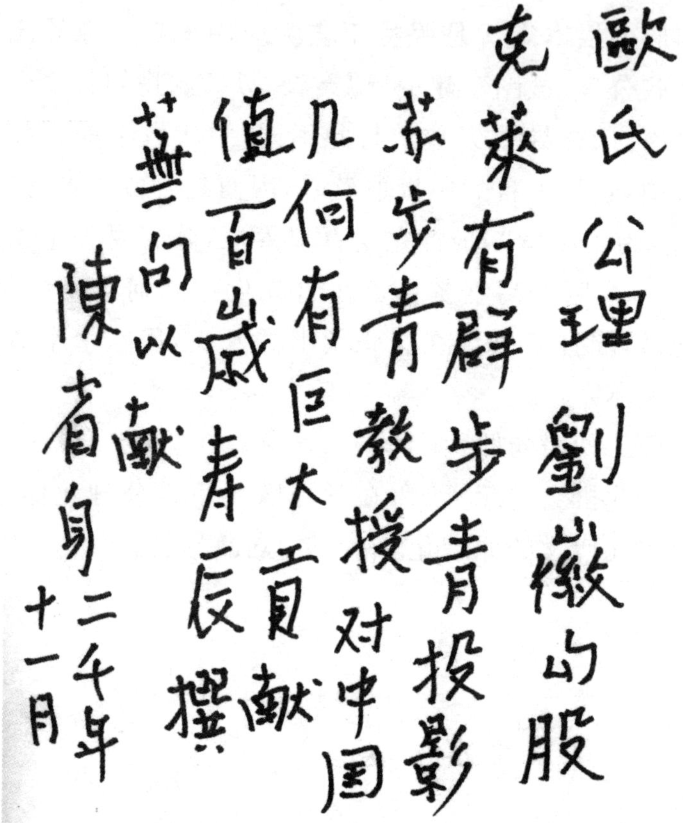

歐氏公理劉徽勾股
克萊有群步青投影
苏步青教授对中国
几何有巨大貢獻
值百歲壽辰撰
蕪句以獻
陳省身
二千年十一月

图 24　陈省身的一封贺函中肯定了“刘徽勾股”的提法

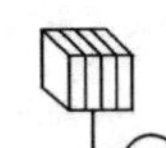

重差是什么?

文献资料的缺失,千年时光的销蚀,加之近代西方数学的“骚扰”,中华瑰宝的重差学说今已面目全非,还能还原其历史的真相吗?

重差是什么?

中华文化千年传承。中华先贤的大智慧像遗传基因一样渗透到中国人的灵魂中,在今日时代大潮的冲击下,某些民族记忆似乎已正在复苏。

老子《道德经》说:

“道之为物,惟恍惟惚。惚兮恍兮,其中有象;恍兮惚兮,其中有物。窈兮冥兮,其中有精,其精甚真,其中有信。”

“道”这个东西,似乎有又似乎无,似乎实又似乎虚,是恍恍惚惚的。在这恍恍惚惚之中,它又具备着事物的真相。在这深远幽暗中,它又涵盖着极微的精气,这极微的精气是真实可信的。

早期的微积分称为“流数术”。牛顿深入考察了所谓“流数”即变化率

$$\lim_{\Delta x \to 0} \frac{f(x+\Delta x)-f(x)}{\Delta x}=f(x)$$

在这种“导数”的诱导下牛顿创立了经典数学的微积分。

牛顿的变化率有两大特色。它是在函数关系 $y=f(x)$ 的基础上提出的,并且要求给出函数 $f(x)$ 的具体表达式;更有甚者,它是无穷小量的比率的极限,这种“消失的量的鬼魂”$\frac{0}{0}$颠覆了人们的传统观念。

相比之下,**重差是中国人独创的差商**。对于给定的逼近过程 $\{a_n\}$,**这种重差形式的偏差比**$\frac{a_{n+1}-a_n}{a_{n+2}-a_{n+1}}$,**易于理解而又易于实现,似**

乎是个平凡的存在,其中没有一点"怪味"。然而正如本书第三卷《逼近加速割圆术》所述,在关于圆周率与混沌常数的超级计算中,这种重差竟将一大堆似乎杂乱无章的数据,加工成近乎数学常数般的逼近序列,真是神奇到了极点。

任何一个逼近序列$\{a_n\}$,包括微积分方法生成的逼近序列,总可以生成一个近似数学常数的重差序列驾驭它们。这表明偏差比形式的重差率相比经典数学的变化率,在数学上有实质性的差异。

重差率的发展前途不可限量,但究竟它能走多远呢?

确实,在恍恍惚惚之中,重差学说蕴含着极微的精气,这极微的精气是真实可信的。

"路漫漫其修远兮,吾将上下而求索。"(屈原《离骚》)

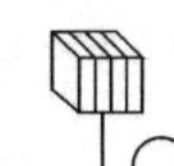

附录A 刘徽:《九章算术注》原序

昔在包牺氏始画八卦,以通神明之德,以类万物之情,作九九之术以合六爻之变。暨于黄帝神而化之,引而伸之,于是建历纪,协律吕,用稽道原,然后两仪四象精微之气可得而效焉。记称隶首作数,其详未之闻也。按周公制礼而有九数,九数之流,则《九章》是矣。

往者暴秦焚书,经术散坏。自时厥后,汉北平侯张苍、大司农中丞耿寿昌皆以善算命世。苍等因旧文之遗残,各称删补。故校其目则与古或异,而所论者多近语也。

徽幼习《九章》,长再详览。观阴阳之割裂,总算术之根源,探赜之暇,遂悟其意。是以敢竭顽鲁,采其所见,为之作注。事类相推,各有攸归,故枝条虽分而同本干者,知发其一端而已。又所析理以辞,解体用图,庶亦约而能周,通而不黩,览之者思过半矣。且算在六艺,古者以宾兴贤能,教习国子。虽曰九数,其能穷纤入微,探测无方。至于以法相传,亦犹规矩度量可得而共,非特难为也。当今好之者寡,故世虽多通才达学,而未必能综于此耳。

周官大司徒职:夏至日中立八尺之表,其影尺有五寸,谓之地中。说云:南戴日下万五千里。夫云尔者,以术推之。按《九章》立四表望远及因木望山之术,皆端旁互见,无有超邈若斯之类。然则苍等为术犹未足以博尽群数也。徽寻九数有重差之名,原其指趣乃所以施于此也。凡望极高、测绝深而兼知其远者必用重差,句股则必以重差为率,故曰重差也。立两表于洛阳之城,令高八尺。南北各尽平地,同日度其正中之景。以景差为法,表高乘表间为实,实如法而一,所得加表高,即日去地也。以南表之景乘表间为实,实如法而一,即为从南表至南戴日下也。以南戴日下及日去地为句、股,为之求弦,即日去人也。以径寸之筩南望日,日满筩空,则定筩之长短以为股率,以筩径为句率,日去人之数为大股,大股之句即日径也。虽天圆穹之象犹曰可度,又况泰山之高与江海之广哉。徽以为今之史籍且略举天地之物，考论厥数，载之于志，以阐世术之美。辄造重差，并为注解，以究古人之意，缀于句股之下。度高者重表，测深者累矩，孤离者三望，离而又旁求者四望。触类而长之，则虽幽遐诡伏，靡所不入。博物君子，详见览焉。

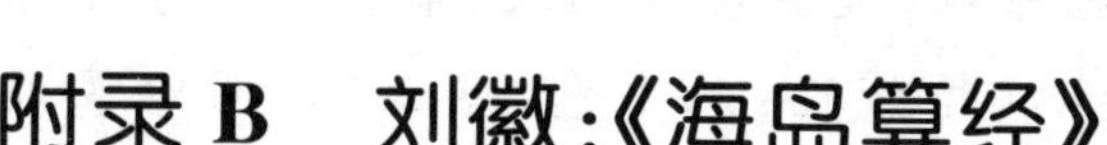

附录B　刘徽:《海岛算经》

［一］　今有望海岛,立两表,齐高三丈,前后相去千步,令后表与前表参相直。从前表却行一百二十三步,人目着地,取望岛峰,与表末参合。从后表却行一百二十七步,人目着地,取望岛峰,亦与表末参合。问岛高及去表各几何?

答曰:岛高四里五十五步;去表一百二里一百五十步。

术曰:以表高乘表间为实,相多为法,除之。所得加表高,即得岛高。臣淳风等谨按:此术意,宜云,岛峰谓山之顶上。两表谓立木为表,令之端直。人目与木末望岛三平。人去表一百二十三步,为前表之影。后立表木至人目于木末相望。去表一百二十七步。二去表相减为相多,以为法。前后表相去千步为表间。以表高乘之为实。以法除之,加表高,即是岛高积步,得一千二百五十五步。以里法三百步除之,得四里,余五十五步。是岛高之步数也。求前表去岛远近者,以前表却行乘表间为实,相多为法,除之,得岛去表数。臣淳风等谨按:此术意,宜云,前去表乘表间,得十二万三千步。以相多四步为法,除之,得三万七百五十步。又以里法三百步除之,得一百二里一百五十步,是岛去表里数。

［二］　今有望松生山上,不知高下。立两表,齐高二丈,前后相去五十步,令后表与前表参相直。从前表却行七步四尺,薄地遥望松末,与表端参合。又望松本,入表二尺八寸。复从后表却行八步五尺,薄地遥望松末,亦与表端参合。问松高及山去表各几何?

答曰:松高十二丈二尺八寸;山去表一里二十八步七分步之四。

术曰:以入表乘表间为实,相多为法,除之。加入表,即得松高。臣淳风等谨按:此术意,宜云,前后去表相减,余七尺是相多,以为法。表间步通之为尺,以入表乘之,退位一等以为实。以法除之,更加入表,得一百二十二尺八寸,以为松高。退位一等,得十二丈二尺八寸

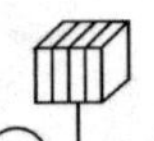

也。求表去山远近者，置表间，以前表却行乘之为实，相多为法，除之，得山去表。臣淳风等谨按：此术意，宜云，表间以步尺法通之得三百尺。以前去表四十六尺乘之为实。以相多七尺为法。实如法而一，得一千九百七十一尺七分尺之三。以里尺法除之，得一里；不尽以步法除之，得二十八步；不尽三还以七因之得数，纳子三得二十四。复置步尺法，以分母七乘六，得四十二为步法，俱半之，副置平约等数。即是于山去前表一里二十八步七分步之四也。

［三］　今有南望方邑，不知大小。立两表东、西去六丈，齐人目，以索连之。令东表与邑东南隅及东北隅参相直。当东表之北却行五步，遥望邑西北隅，入索东端二丈二尺六寸半。又却北行去表十三步二尺，遥望邑西北隅，适与西表相参合。问邑方及邑去表各几何？

答曰：邑方三里四十三步四分步之三；邑去表四里四十五步。

术曰：以入索乘后去表，以两表相去除之，所得为景差。以前去表减之，不尽以为法。置后去表，以前去表减之，余以乘入索为实。实如法而一，得邑方。臣淳风等谨按：此术置入索乘后去表得一千八百一十二尺。以两表相去除之，得三丈二寸为影差。以前去表减之，余二寸以为法。前后去表相减之余以乘入索，得一万一千三百二十五寸为实。以法除之，得五千六百六十二尺，不尽二分尺之一。以里法除之，得三里；不尽尺以步法除之，得四十三步；不尽四以分母乘之，纳子一，得九。以分母乘六得十二。以三约母得四，约子得三。即得邑方三里四十三步四分步之三也。求去表远近者，置后去表，以景差减之，余以乘前去表为实。实如法而一，得邑去表。臣淳风等谨按：此术置后去表，以影差尺数减之，余尺以乘前去表，得一千四百九十四尺为实。以法除之，得七千四百七十尺。以尺里法除之，得四里；不尽二百七十尺，以步法除之，得四十五步。即是邑去前表四里四十五步也。

［四］　今有望深谷，偃矩岸上，令勾高六尺。从勾端望谷底，入下股九尺一寸。又设重矩于上，其矩间相去三丈。更从勾端望谷底，入上股八尺五寸。问谷深几何？

答曰：四十一丈九尺。

术曰：置矩间，以上股乘之，为实。上、下股相减，余为法，除之。所得以勾高减之，即得谷深。臣淳风等谨按：此术置矩间，上股乘之为实。又置上、下股尺寸，相减余六寸，以为法。除实得数，退位一等，以勾高减之，余四十一丈九尺，即是谷深。又一法，置矩间，以下股乘之为实。置上、下股尺数，相减。余六寸，以为法。除之，得四百五十五尺。以勾高并矩间得三十六尺，减之，余，退位一等，即是谷深也。

［五］　今有登山望楼，楼在平地。偃矩山上，令勾高六尺，从勾端斜望楼足；入下股一丈二尺。又设重矩于上，令其间相去三丈。更从勾端斜望楼足，入上股一丈一尺四寸。又立小表于入股之会，复从勾端斜望楼岑端，入小表八寸。问楼高几何？

答曰：高八丈。

术曰：上、下股相减，余为法。置矩间，以下股乘之，如勾高而一。所得，以入小表乘之，为实。实如法而一，即是楼高。臣淳风等谨按：此术置下股，以上股相减，余六寸以为法。又置矩间，以下股乘之，得三万六千寸。以勾高六尺除之，得六百寸。以入小表乘之，得四千八百寸。以法除之，得八百寸。退位二等，即是楼高八丈也。

［六］　今有东南望波口，立两表，南、北相去九丈，以索薄地连之。当北表之西却行去表六丈，薄地遥望波口南岸，入索北端四丈二寸。以望北岸，入前所望表里一丈二尺。又却行，后去表十三丈五尺，薄地遥望波口南岸，与南表参合。问波口广几何？

答曰：一里二百步。

术曰：以后去表乘入索，如表相去而一。所得，以前去表减之，余以为法。复以前去表减后去表，余以乘入所望表里为实。实如法而一，得波口广。臣淳风等谨按：此术置后去表，以乘入索四百二寸，得五十四万二千七百寸。以两表直去除之，得六百三寸。又以前去表六百寸减之，余有三寸为法。又置前后却行去表寸数相减，余以乘入望表里一百二十寸，得九万寸。以法除之，得三万寸为实。以寸里法除

之,得一里;余以步法除之,得二百步。即是波口广一里二百步也。

［七］ 今有望清渊,渊下有白石。偃矩岸上,令勾高三尺,斜望水岸,入下股四尺五寸。望白石,入下股二尺四寸。又设重矩于上,其间相去四尺。更从勾端斜望水岸,入上股四尺。以望白石,入上股二尺二寸。问水深几何?

答曰:一丈二尺。

术曰:置望水上、下股,相减,余以乘望石上股为上率。又以望石上、下股相减,余以乘望水上股为下率。两率相减,余以乘矩间为实。以二差相乘为法。实如法而一,得水深。臣淳风等谨按:此术以望水上、下股相减,余五寸,以乘望石上股二十二寸,得一百一十寸,即是上率。又置望石上股减望石下股,余有二寸,以乘望水上股四十寸,得八十寸,即是下率。二率相减,余有三十寸,以乘矩间四十寸,得一千二百寸为实。又以二差二、五相乘,得十为法。除实,退位二等,即是水深一丈二尺也。

又术:列望水上、下股及望石上、下股相减,余并为法。以望石下股减望水下股,余以乘矩间为实。实如法而一,得水深。又术置望水下股,以望水上股减之,余有五寸。置望石下股,以望石上股减之,余有二寸。并之得七寸,以为法。又以望石下股,以望水下股减之,余有二十一寸。以乘矩间四十寸,得八百四十寸,以为实。以七寸为法除之,得一百二十寸。退之,得一丈二尺,即是水深也。

［八］ 今有登山望津,津在山南。偃矩山上,令勾高一丈二尺。从勾端斜望津南岸,入下股二丈三尺一寸。又望津北岸,入前望股里一丈八寸。更登高岩,北却行二十二步,上登五十一步,偃矩山上。更从勾端斜望津南岸,入上股二丈二尺。问津广几何?

答曰:二里一百二步。

术曰:以勾高乘下股,如上股而一。所得以勾高减之,余为法。置北行,以勾高乘之,如上股而一。所得以减上登,余以乘入股里为实。实如法而一,即得津广。臣淳风等谨按:此术置勾高乘下股,得二百七十七尺二寸。以上股除之，得一丈二尺六寸，以勾高一丈二尺减之，余有六寸，以为法。又置北行步展为一百三十二尺，以勾高乘之，得一千五百八十四尺。以上股除之，得七十二尺。又置上登五十一步，以每步六尺通之，得三百六尺。以前数减之，余二百三十四尺。以乘入股里尺数，得二千五百二十七尺二寸，为实。实如法而一，得四千二百一十二尺。以步里法除之，得二里，余一百二步，即是津广也。

［九］ 今有登山临邑，邑在山南。偃矩山上，令勾高三尺五寸。令勾端与邑东南隅及东北隅参相直。从勾端遥望东北隅，入下股一丈二尺。又施横勾于入股之会，从立勾端望西北隅，入横勾五尺。望东南隅，入下股一丈八尺。又设重矩于上，令矩间相去四丈。更从立勾端望东南隅，入上股一丈七尺五寸。问邑广、长各几何？

答曰：南北长一里一百步；东西广一里三十三步少半步。

术曰：以勾高乘东南隅入下股，如上股而一。所得减勾高，余为法。以东北隅下股减东南隅下股，余以乘矩间为实。实如法而一，得邑南北长也。求邑广，以入横勾乘矩间为实。实如法而一，即得邑东西广。臣淳风等谨按：此术以勾高乘东南隅下股，得六千三百寸。又以东南隅上股一百七十五寸除之，得三十六寸，以勾高减之，余有一寸，以为法。又置东北隅下股以减东南隅下股，余有六十寸。以乘矩间，得二万四千寸为实。实数法而一，即不盈不缩。以寸里法除之，得一里；余以步法除之，得三十三步；不尽二十，与法俱退半之，即是三分步之一也。

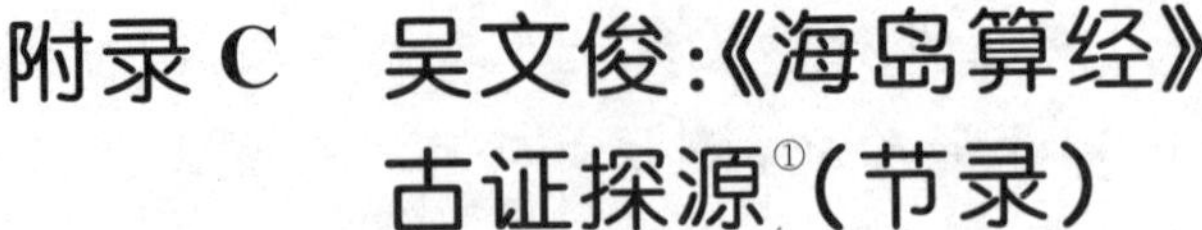

附录C 吴文俊:《海岛算经》古证探源[1](节录)

刘徽《海岛算经》是一部关于测高望远之术的专著。按刘徽自序,有“析理以辞,解体用图”,以及“辄造重差,并为注解”等语,说明原著应有注有图。传至后世,所载九题只有方法结果而无注析附图,杨辉在《算法通变本末》卷上中曾说:“海岛算法,隐奥莫得其秘”,清代李潢、沈钦裴等都曾尝试补出证明,但与刘徽原意显无共同之处。我们认为,要使古证复原,应该遵循以下三项原则,是否有当,还请有志者共同商讨。

原则之一,证明应符合当时本地区数学发展的实际情况,而不能套用现代的或其他地区的数学成果与方法。

原则之二,证明应有史实史料上的依据,不能凭空臆造。

原则之三,证明应自然地导致所求证的结果或公式,而不应为了达到预知结果以致出现不合情理的人为雕琢痕迹。

《海岛算经》的第一题海岛公式从明清以迄近代出现过不少证明,是否合于古证原意,可以依据这些原则逐一考核。中外经典著作,流传至今,历代难免有后人随意篡改增添,甚至伪造伪托,以至真假不辨,也可以依据这些原则作为鉴别真伪的一种手段。

本文将依据这些原则,尝试将《海岛算经》九题的古证补出于下。中国古代的几何学有其自己的发展过程与方法体系,与希腊欧几里得几何迥乎不同。在我国古代几何中,并未见到明显的平行线概念,角度也很少用,虽有比例理论,但文献所载局限于句股相似形的简单比例关系,而几未见到有关一般相似形以及各种比例式的变形转化等记载,在古证复原中,这些概念都应避免使用,像李潢那样滥添平行线的

① 吴文俊主编.《九章算术》与刘徽.北京:北京师范大学出版社,1982:162-180.

作法，更难允许。

相反，出入相补，各从其类的原理，明显见诸九章刘徽注以及赵爽著作，在《九章算术》的商功、句股诸章多方面应用，由此原理可得下二推论：

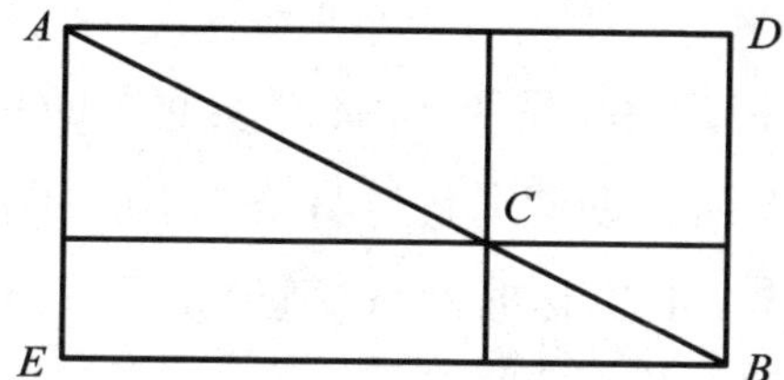

推论之一　如图从▭AB与对角线AB上一点C可得▭CD=▭CE（=指面积相等）。

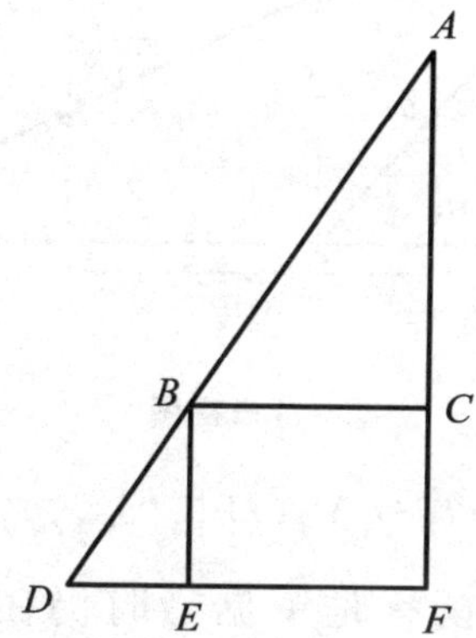

推论之二　如图在句股相似形ADF、ABC与BDE中，称AC=见股，BC=见句，BE=股率，DE=句率，AF=大股，DF=大句（或大股之句），则有

$$\frac{\text{大股}}{\text{大句}}=\frac{\text{见股}}{\text{见句}}=\frac{\text{股率}}{\text{句率}}$$

这两推论显然是等价的，都曾多次应用于各种句股问题，详见刘徽九章注以及赵爽日高图说与句股圆方图说。

本文关于《海岛》九题的复原古证，无非是这两推论的反复运用。九题中海岛第一题中的岛高公式，望松第二题的松高辅助公式（见下）以及望谷第四题的谷深公式，代表了古代用矩立表以望高、知远、测深

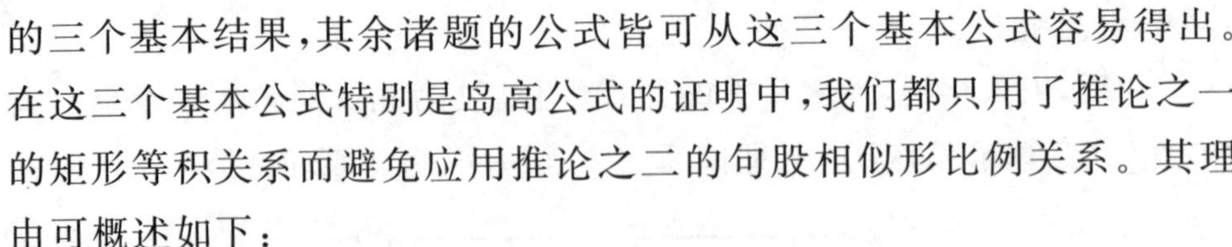

的三个基本结果,其余诸题的公式皆可从这三个基本公式容易得出。在这三个基本公式特别是岛高公式的证明中,我们都只用了推论之一的矩形等积关系而避免应用推论之二的句股相似形比例关系。其理由可概述如下:

1. 这一证明及其附图(见下),有赵爽的《日高图说》以及流传至今的日高残图作为依据。所谓“上与日齐”,即说明原图应补成若干长方形。从《日高图说》,可以推想古日高图(如下)与古证应较本文所示稍复杂一些,详见吴文俊[14][①]。

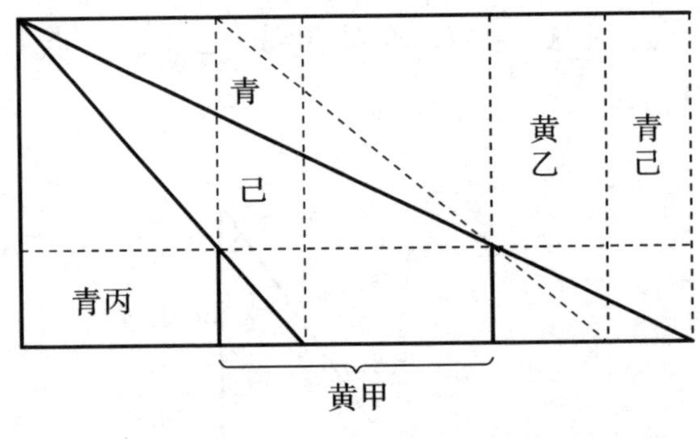

古日高图

2. 杨辉在《续古摘奇算法》中自言“辉尝置海岛小图于座右,乃见先贤作法之万一”。可知杨辉是依据当时仍在流传的古海岛图来论证的。本文所附海岛图相当于杨辉的隔水竿的附图,证明也实质上即杨辉的证明或古时的海岛原证。

3. 李潢在《重差图序》中说“望没多久旧有图解”,又说“旧图于形外别作同积二方”。这说明李潢时还能见到海岛古图,(依李序即古重差图)而从“同积二方”一语看来,这古图中是有许多长方形从形外别作而来的。

4. 证明中我们避免应用推论之二,因为从比例关系还须经过某些运算变化才能得出最后公式,而这种运算变化在我国古代文献中颇

① 此处所指文献[14]即本卷参考文献[1].

少依据，三上义夫在所著论《海岛算经》的一章中，曾经依据比例及其算法认为我国天元术代数学的产生，可从13世纪提前一千年至刘徽时期，这种过誉溢美之辞，我们认为是不应该接受的。

5. 我们的证明只需极简单的论证，从最基本的一些关系自然地直接获得刘徽原著所列举的那些形式上颇为复杂的公式。这足为这些证明基本上符合刘徽原意的一个旁证，与之相反，在利玛窦口译、徐光启笔受的《测量法义》中，以表测高的第10题实质上与海岛题相同，其证明颇有事先已知海岛公式而强欲用《几何原本》生搬硬套来获证，因而不无穿凿调琢之嫌。由于《测量法义》一书不易见到，故将利玛窦的原图原证作为本文附录原样照录，以供有心人参考。

以下将就《海岛算经》九题逐一证明。为了便利读者，原题以及术曰将依古原著照录，而在括号中注明附图相应的点或线段，诸公式即是原来术文的直接转述。

望海岛第一

【一】望海岛：

今有望海岛(AB)，立两表(DE，FG)，齐高三丈，前后相去(EG)千步，令后表与前表参相直。从前表(DE)却行(EH)一百二十三步，人目著地(H)，取望岛峰(A)，与表末(D)参合。从后表(FG)却行(GI)一百二十七步，人目著地(I)，取望岛峰(A)，亦与表末(F)参合。问岛高(AB)及去表(BE)各几何？

术曰：

以表高乘表间(EG)为实，相多($GI-EH$)为法，除之。所得加表高，即得岛高。求前表去岛远近者，以前表却行乘表间为实，相多为法，除之，得岛去表数。

望海岛公式：

$$岛高=\frac{表间\times表高}{相多}+表高$$

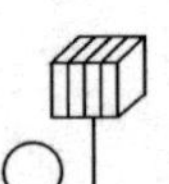

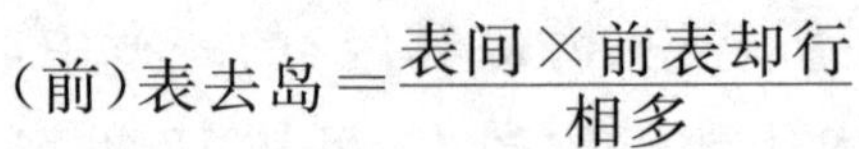

$$(\text{前})\text{表去岛}=\frac{\text{表间}\times\text{前表却行}}{\text{相多}}$$

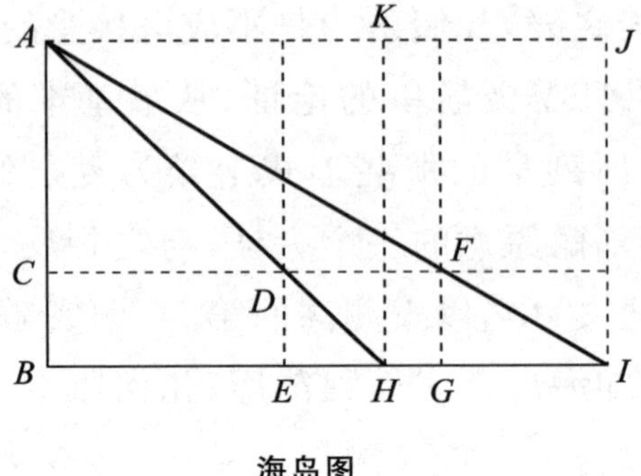

海岛图

证 如附图,从▭AI 与 F 得

$$▭FJ=▭FB$$

又从▭AH 与 D 得

$$▭DK=▭DB$$

相减得

$$▭FJ-▭DK=▭EF$$

或

后表却行×(岛高－表高)－前表却行×(岛高－表高)

＝表间×表高

由此即得岛高公式。又从▭DB=▭DK 得

前表去岛×表高＝前表却行×(岛高－表高)

应用岛高公式即得表去岛公式。

望清渊第七

【七】望清渊:

今有望清渊,渊下有白石(G)。偃矩(BAC)岸(AH)上,令句(BA)高三尺,斜望水岸(F),入下股(AE)四尺五寸。望白石,入下股(AD)二尺四寸。又设重矩($B'A'C'$)于上,其间(AA')相去四尺。更从句端(B')斜望水岸(F),入上股($A'E'$)四尺。以望白石(G),入上股

$(A'D')$二尺二寸。问水深几何？

术曰：

置望水上、下股，相减，余以乘望石上股为上率。又以望石上、下股相减，余以乘望水上股为下率。两率相减，余以乘矩间为实。以二差相乘为法。实如法而一，得水深。

望渊公式：

$$\text{水深}=\frac{\text{矩间}\times(\text{上率}-\text{下率})}{(\text{望水下股}-\text{望水上股})\times(\text{望石下股}-\text{望石上股})}$$

其中

$$\text{上率}=\text{望石上股}\times(\text{望水下股}-\text{望水上股})$$

$$\text{下率}=\text{望水上股}\times(\text{望石下股}-\text{望石上股})$$

证 如图，FH 为水面，AH 为岸高，AI 为石深，FG 为水深。今视 GI 为深谷，G 为谷底，则 AI 为谷深，故依望谷公式有

$$\text{石深}=\frac{\text{矩间}\times\text{望石上股}}{\text{望石下股}-\text{望石上股}}-\text{句高}$$

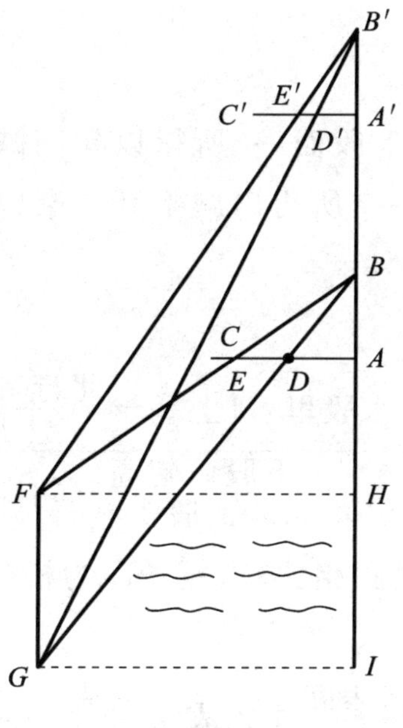

望渊图

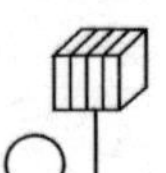

又视 FH 为深谷,F 为谷底,则 AH 为谷深,故依望谷公式有

$$岸高=\frac{矩间\times望水上股}{望水下股-望水上股}-句高$$

因

$$水深=石深-岸高$$

故将上两式相减,即得所求望渊公式。

望津第八

【八】望津:

今有登山望津(FG),津在山南。偃矩(BAC)山上,令句高(BA)一丈二尺。从句端(B)斜望津南岸(F),入下股(AD)二丈三尺一寸。又望津北岸(G),入前望股里(DE)一丈八寸。更登高岩,北却行(AH)二十二步,上登($A'H$)五十一步。偃矩($B'A'C'$)山上,更从句端(B')斜望津南岸(F),入上股($A'D'$)二丈二尺。问津广(FG)几何?

术曰:

以句高乘下股,如上股而一,所得以句高减之,余为法。置北行,以句高乘之,如上股而一,所得以减上登。余以乘入股里为实。实如法而一,即得津广。

望津公式:

$$津广=\frac{入股里\times\left(上登-\dfrac{北行\times句高}{上股}\right)}{\dfrac{下股\times句高}{上股}-句高}$$

证 将附图与望松图相比较,视 FG 为松生山 GN 上,CA 与 KJ 为前后两表。由松高公式,得

$$松高=\frac{入表\times表间}{相多}+入表=\frac{入表\times(相多+表间)}{相多}$$

式中松高$=FG$ 即津广,入表$=DE$ 即入股里,表间$=AJ$。

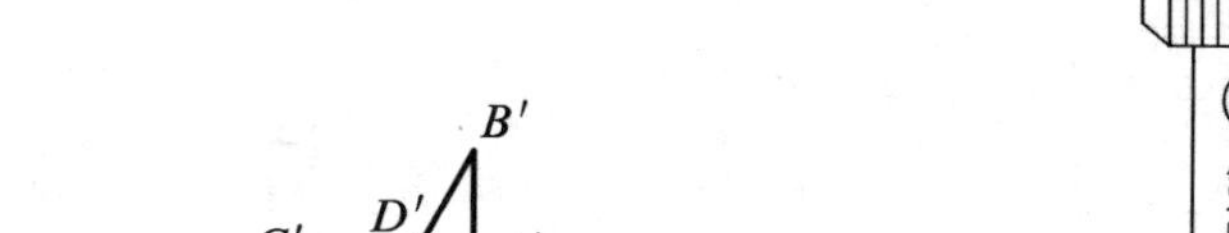

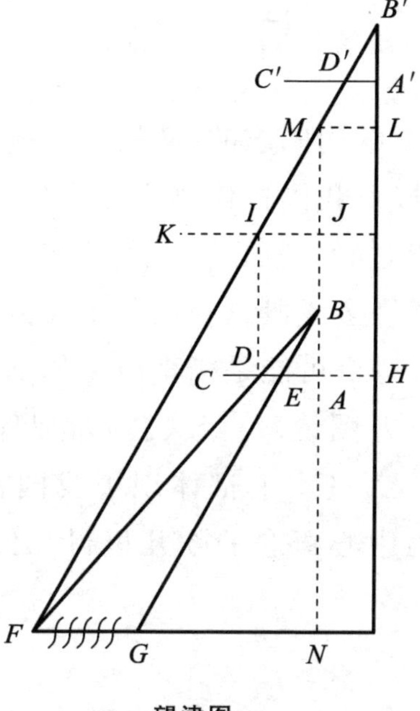

望津图

又

$$相多=MJ-AB=MJ-句高$$

$$相多+表间=MJ+AJ-句高=LH-句高$$

$$=A'H-B'L=上登-B'L$$

故上式变为

$$津广=\frac{入股里\times(上登-B'L)}{MJ-句高}$$

今从句股相似形 $B'LM$ 与 $B'A'D'$ 得

$$B'L=\frac{ML\times B'A}{D'A'}=\frac{AH\times B'A}{D'A'}=\frac{北行\times句高}{上股}$$

又从句股相似 MJI 与 $B'A'D'$ 得

$$MJ=\frac{IJ\times B'A'}{A'D'}=\frac{AD\times B'A'}{A'D'}=\frac{下股\times句高}{上股}$$

以之代入上津广公式，即得所求望津公式。

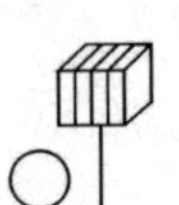

后　记

本文写成后重读李继闵同志的《从句股比率论到重差术》,李文提出对重差一词的解释以及我国古代测望理论“出入相补”→“相似句股理论”→重差术的发展过程,论证令人信服。但若仅用比例重差来证明,则海岛图不应再添许多线段以补成若干长方形,这显与杨辉、李潢所见的旧海岛图不同,一个可能是杨李所见的旧图并非刘徽所用的重差图。可惜刘徽的《重差图说》已经失传,难以印证。不论如何,这些证明在细节上略有出入,基本上都体现了我国古代几何学的固有特色,与以平行线等作为中心概念的欧几里得几何体系异其情趣,这应该是肯定的。

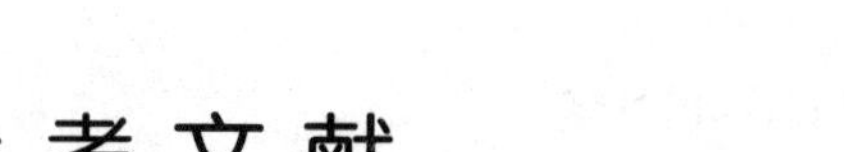

[1] 吴文俊.我国古代测望之学重差理论评介兼评数学史研究中的某些方法问题[M]//中国科学院自然科学史研究所数学史组.科学史文集(第8辑):数学史专辑.上海:上海科学技术出版社,1982.

[2] 郭熙汉.杨辉算法导读[M].武汉:湖北教育出版社,1996.

[3] 钱宝琮.中国数学史[M].北京:科学出版社,1964.

[4] 沈康身.《九章算法》导读[M].武汉:湖北教育出版社,1997.

[5] 李仲来.中国数学史研究:白尚恕文集[M].北京:北京师范大学出版社,2008.

[6] 蔡宗熹.千古第一定理——勾股定理[M].数学文化小丛书(10).北京:高等教育出版社,2013.

[7] 曲安京.《周髀算经》新议[M].西安:陕西人民出版社,2002.

[8] 吴文俊.《海岛算经》古证探源[M]//吴文俊.《九章算术》与刘徽.北京:北京师范大学出版社,1982.

图书在版编目(CIP)数据

中华神算. 下册/王能超,王学东著. —武汉:华中科技大学出版社,2018. 8
ISBN 978-7-5680-4294-9

Ⅰ. ①中… Ⅱ. ①王… ②王… Ⅲ. ①数学史-中国-古代 Ⅳ. ①O112

中国版本图书馆 CIP 数据核字(2018)第 180817 号

中华神算(下册) 王能超 王学东 著
Zhonghua Shensuan (Xiace)

策划编辑:姜新祺 王汉江
责任编辑:王汉江
封面设计:杨玉凡
责任校对:李 琴
责任监印:周治超
出版发行:华中科技大学出版社(中国·武汉) 电话:(027)81321913
武汉市东湖新技术开发区华工科技园 邮编:430223
录 排:武汉市洪山区佳年华文印部
印 刷:武汉科源印刷设计有限公司
开 本:710mm×1000mm 1/16
印 张:9.75 插页:2
字 数:132 千字
版 次:2018 年 8 月第 1 版第 1 次印刷
定 价:39.80 元